河道采砂监管

刘明堂　郭龙　陆桂明　著

中国水利水电出版社

www.waterpub.com.cn

·北京·

内 容 提 要

　　本书主要介绍了河道采砂信息化监测技术及最新进展，研究了采砂信息化监管的相关法律和规章制度，探讨了河道采砂的全流程信息化监管方法，研究了对各类非法采砂行为的主动识别预警技术，最后列举采砂信息化监管的实际案例，对河道采砂监管信息化系统进行了设计和应用。力求做到内容丰富、简洁实用，便于读者对知识的理解、掌握和应用。

　　本书共 8 章，包括河道砂石储量勘测、采砂规划与审批、开采与仓储、河砂的销售、河砂运输与使用、河道采砂与水生态修复、河道采砂监管系统设计应用案例等。

　　本书可作为广大采砂监管从业者和水利信息化系统设计类相关技术人员的参考书和自学用书，还可为河道采砂主管部门提供参考和辅助作用，以提高采砂管理执法响应能力。

图书在版编目（ＣＩＰ）数据

　　河道采砂监管 / 刘明堂，郭龙，陆桂明著. -- 北京：
中国水利水电出版社，2019.8
　　ISBN 978-7-5170-8334-4

　　Ⅰ. ①河… Ⅱ. ①刘… ②郭… ③陆… Ⅲ. ①河道—
砂矿开采—管理 Ⅳ. ①TD806

　　中国版本图书馆CIP数据核字(2019)第297450号

书　　　名	**河道采砂监管** HEDAO CAISHA JIANGUAN
作　　　者	刘明堂　郭龙　陆桂明　著
出 版 发 行	中国水利水电出版社 （北京市海淀区玉渊潭南路 1 号 D 座　　100038） 网址：www. waterpub. com. cn E - mail：sales@ waterpub. com. cn 电话：(010) 68367658（营销中心）
经　　　售	北京科水图书销售中心（零售） 电话：(010) 88383994、63202643、68545874 全国各地新华书店和相关出版物销售网点
排　　　版	中国水利水电出版社微机排版中心
印　　　刷	天津嘉恒印务有限公司
规　　　格	170mm×240mm　16 开本　12 印张　213 千字
版　　　次	2019 年 8 月第 1 版　2019 年 8 月第 1 次印刷
印　　　数	0001—2000 册
定　　　价	**49.00 元**

一般来说，河道砂石具有自然资源和河床组成要素的双重属性。从自然资源的角度看，河道砂石是建筑工程的理想材料，具有较大的经济价值。因此，仅从自然资源的角度来看，河道砂石应该大力开发利用。然而，随着我国经济社会不断发展，砂石需求居高不下，加之河流、湖泊总体来沙量持续减少。一些地方河道出现了无序开采、私挖乱采等非法采砂行为。非法采砂行为造成河床高低不平、河流走向混乱、河岸崩塌、河堤破坏，严重影响河势稳定。河道无序采砂也会威胁到桥梁、涵闸、码头等涉水重要基础设施安全，同时也影响防洪、航运和供水安全，进而危害河道生态环境。

河道砂石受流速、流量等因素变化的影响，粒径不同的砂石及泥沙分别沉积在河道的各个河段上，成为构成河床的主要要素。河道砂石使河床保持相对平衡，同时也为减缓河流遭受破坏起到了重要作用。从河床组成要素来看，河道砂石的开采受到河势的稳定、堤防安全等约束。从经济角度来看，河道砂石作为资源所产生的收益要远远小于河道砂石作为河床组成部分所产生的收益。河道采砂的收益和河道管理综合投入相比不到十分之一。但少数河砂储量丰富的地区，却具备巨大的经济价值。因此，只要人们进行科学规划、严格管理，河道砂石可以被可持续性开采和科学合理地利用。河道砂石开采应尊重河势演变的客观规律，充分考虑河道泥沙的补给情况，在保证河势稳定、保证防洪和通航安全、保证水利工程与水生态环境安全的前提下，以"治河、清障、固堤、采砂、修复"为原则，结合河道整治，对河道砂石资源的开采进行有序的、规范的和有效的监管。

随着中国特色社会主义进入新时代，我国水利事业发展也进入新的历史阶段。习近平总书记多次提出建设生态文明是中华民族永续发展的千年大计。修复生态环境是新时代赋予我们的艰巨任务，也是人民群众的热切期盼。2019 年年初，水利部党组提出"水利工程补短板、水利行业强监管"的水利改革发展总基调，把握了社会主义新时代对水利发展的新思路、新要求、新方略。2019 年 2 月 22 日，水利部印发了《水利部关于河道采砂管理工作的指导意见》，提出以河长制为平台，落实采砂管理责任，将采砂管理成效纳入河长制考核体系。

城乡建设、交通和水利等基础设施建设都需要大量河砂。因此河砂供给与需求矛盾非常突出。巨大的供需矛盾致使河砂价格不断上涨。一些单位和个人受巨大利益的驱动，非法乱挖滥采河砂。

近年来，河道采砂管理制度逐步制定、落实，取得了一定成效，但是河道采砂存在问题依然很多。如何正确处理河湖保护和经济发展的关系，如何兼顾河道采砂管理工作的重要性、紧迫性、复杂性和长期性，将是一个巨大的难题。加强采砂行业强监管，是新形势新任务赋予采砂监管工作的历史使命。采砂行业强监管工作的重点是解决好"如何监管"的问题。传统的采砂监管形式和手段主要依靠人工检查，一方面需要投入大量的人力财力；另一方面检查过程依靠检查人员的判断，主观因素有可能对监管质量造成影响。因而，传统的监管形式不仅覆盖面有限而且效能也比较低，越来越不能适应"水利行业强监管"的需要。

随着新技术的蓬勃发展，特别是移动互联网、大数据、智能感知、遥感、视频分析、云计算等信息化技术的突破性发展，为水利行业强监管提供了新的思路和空间，能够有效提升监管效率和保障监管质量。目前信息化手段已在采砂监管领域有了较多的运用，例如砂场视频监控系统、砂场营销管理系统、采砂设备 GPS 定位系统，这些手段较好地规范了砂石经营单位的生产行为，节省了监管部门的人力、物力。但是这些手段也存在一些不足，一是每个砂场建设几套信息化系统，不方便监管部门管理；二是不能满足更高决策者的监管需求，不能实现河道采砂全过程的信息化监管。

河道采砂监管需要强化信息化手段，实现全过程的采砂信息强监管。采砂监管的信息化建设应统筹管理，吸纳各方力量，建设开放式的河道采砂信息化监管平台，对"勘测、规划、审批、开采、仓储、销售、运输、使用、修复"九个关键环节和"采砂业主、采砂船舶和机具、堆砂场、运输工具、使用单位"五个关键要素进行全流程的信息化监管；同时，采砂监管的信息化建设也能推进 GIS 技术、卫星定位技术，以及物联网、图像识别、无人机、无人船等技术在河道采砂过程中的应用。河道采砂监控信息化还需要逐步实现河道视频监控无死角，以及砂石开采严格限域限量限时，提高采砂管理执法响应能力和群策群力的效果。采砂监管的信息化若能做到全国一盘棋，将会最大程度地优化砂石资源配置，杜绝砂石市场混乱，使政府更加有效地进行宏观调控。

基于对河道采砂行业现状的深入研究和思考，华北水利水电大学水利大数据实验室研发了河道采砂监管信息化平台。该平台依托于先进的移动互联网平台，借助互联网、云计算、智能分析、视频监控、GPS 定位、传感器和 RFID 射频识别等技术，充分利用互联网在资源配置过程中的集成和优化作用，最终实现了对河道砂石"勘测、规划、审批、开采、存储、销售、运输、使用、修复"九个关键环节全生态链的网络化、信息化和智能化监管。

为不断加快完善河道采砂监管信息化系统建设各项工作，进一步探讨河道采砂流程信息化及采砂监管的最新方法，我们编写了此书，供相关读者学习、参考。本书研究和探讨了河道采砂信息化监测技术及最新进展，并对采砂监管信息化系统进行了设计，以期有助于广大采砂监管从业者对水利新技术、新知识的了解，更好地推动新仪器、新设备在采砂监管流程与监管信息化中的应用。本书还研究了采砂信息化监管的相关法律和规章制度；最后还列举采砂信息化监管应用案例，进行采砂全流程的信息化监管，加强对各类非法采砂行为进行主动识别预警。采砂信息化监管系统可为河道采砂主管部门提供参考和辅助作用，提高采砂管理执法响应能力。

本书由华北水利水电大学的刘明堂组织撰写，由陆桂明、胡万元负责拟定大纲，由水利大数据分析与应用工程实验室的郭龙、胡万元、王闯、王正坤负责撰写和修订；陈健、张保锐、张静、张晓波、韩斌、孙永杰、崔国俊等参与了编写。所有撰写者及其分工为：刘明堂负责撰写第1章、第7章、第8章；陈健、胡万元、张晓波负责撰写第2章；王闯、张保锐、韩斌负责撰写第3章；张保锐、张静、孙永杰负责撰写第4章；郭龙、张保锐、崔国俊负责撰写第5章；张保锐和陈健负责撰写第6章。

黄河水利委员会黄河水利科学研究院李黎总工、华北水利水电大学海燕教授等对本书的编写提出了许多宝贵意见，对此我们表示衷心的感谢。

限于能力有限，加之时间仓促，书中难免有些错误和不足之处，恳请各位专家和读者批评和指正，以期再版更正。

2019 年 8 月

郑州

目录

第 1 章

绪　论

随着我国经济不断发展，河道砂石需求量居高不下。一些地方河道发生无序开采、私挖乱采等采砂问题，造成河床高低不平、河流走向混乱、河岸崩塌、河堤破坏等情况，严重影响河势稳定，影响防洪、航运和供水安全，危害生态环境。河道采砂必须科学有序地进行监管，应由"堵"到"疏"，以达到河道生态、社会发展相对和谐的目的。

本章首先简述河道采砂监管目的和意义，介绍采砂信息化监管的重要性；重点讲解采砂现状及主要问题，同时提出了采砂监管对策。本章也简介了采砂信息化流程以及河长制与采砂监管，最后给出了本书所参考的国家标准和行业规定。

1.1　河道采砂监管目的和意义

河道采砂（river sand - mining）是指在河道管理范围内从事采挖砂、石，取土和淘金（含淘取其他金属和非金属）等活动的总称，简称采砂。砂石指砂粒和碎石的松散混合物。地质学上，把粒径为 $0.074 \sim 2mm$ 的矿物或岩石颗粒称为砂，粒径大于 $2mm$ 的称为砾或角砾。在建筑用砂分类中，砂石按产源不同可分为天然砂和人工砂。天然砂有河砂、湖砂、山砂及淡化海砂等。人工砂有机制砂、混合砂等。砂石是水泥浆里面的必需材料，如果水泥浆里面没有砂，那么水泥砂浆的凝固强度将大大降低，因此砂石是工程建筑中必不可少的建筑骨料。

河道砂石具有自然资源和河床组成要素的双重属性。从自然资源的角度看，河道砂石具有较大的经济价值。从绝大多数地方的经济角度来看，河道砂石作为资源所产生的收益要远远小于河道砂石作为河床组成部分所产生的收益。河道采砂的收益和河道管理综合投入相比不到十分之一。河道砂石资源品质好，开采门槛低，成本投入相对较小。少数地区河砂储量丰富，具备巨大的经济价值。

随着经济社会不断发展，砂石需求居高不下，加之河流、湖泊总体来沙量持续减少，一些地方河道无序开采、私挖乱采等问题时有发生，造成河床高低不平、河流走向混乱、河岸崩塌、河堤破坏，严重影响河势稳定，威胁桥梁、涵闸、码头等涉水重要基础设施安全，影响防洪、航运和供水安全，危害生态环境。因此，河道采砂过程必须要进行有效的监督和管理。

2019 年 2 月 22 日，水利部印发了《水利部关于河道采砂管理工作的指导意见》（以下简称《指导意见》）（详见附录 1.1），提出以河长制湖长制为平台，落实采砂管理责任，将采砂管理成效纳入河长制湖长制考核体系。《指导意见》中指出，河道采砂监管是保护江河湖泊的重要内容。保护江河湖泊，事关人民群众福祉，事关中华民族长远发展。经过多年努力，河道采砂管理工作不断加强，全国采砂秩序总体可控。近年来，河道采砂管理制度逐步制定、落实，取得了一定成效，但是河道采砂存在问题依然很多。如何正确处理河湖保护和经济发展的关系，如何兼顾河道采砂管理工作的重要性、紧迫性、艰巨性、复杂性和长期性，将是一个巨大难题。全国各地都要深入贯彻习近平总书记的生态文明思想，积极践行人与自然和谐共生、绿水青山就是金山银山的理念，同时也要充分认识到河道采砂管理工作的重要性、紧迫性、艰巨性、复杂性和长期性，按照"保护优先、科学规划、规范许可、有效监管、确保安全"的原则和要求，保持河道采砂有序可控，维护河湖健康生命。

近年来，各地加快推进河道采砂管理立法工作，但在许可方式、监管方式、法律责任等方面存在一定差异，且缺乏上位法支撑，迫切需要国家立法予以统一规范。因此从国家层面上制定河道采砂管理条例，十分必要和紧迫。2019 年 7 月水利部为加强河道采砂管理，维护河势稳定，保障防洪安全、供水安全、通航安全和基础设施安全，在认真总结近年来实践经验的基础上，按照国务院立法工作有关要求，起草了《河道采砂管理条例

（征求意见稿）》（详见附录 1.2）主要包括总则、河道采砂规划、河道采砂许可、监督管理、法律责任、附则六章。明确了管理体制、规划制度、禁采制度、许可制度、监督管理制度、法律责任等。

1.2　采砂信息化监管的重要性

　　河道采砂监管需要强化信息化手段。采砂监管的信息化建设能统筹管理，吸纳各方力量，整合建设开放式的河砂信息化监管平台，对"勘测、规划、审批、开采、仓储、销售、运输、使用、修复"九个关键环节和"采砂业主、采砂船舶和机具、堆砂场、运输工具、使用单位"五个关键要素进行全流程的信息化监管，加强对用砂企业的合法砂源监管；同时，采砂监管的信息化建设也能推进 GIS 技术、卫星定位技术，以及物联网、图像识别、无人机、无人船等技术在河道采砂过程中的应用，大力开展河道采砂监控信息化，逐步实现河道视频监控无死角，砂石开采严格限域限量限时，提高采砂管理执法响应能力和群策群力的效果。

　　采砂监管的信息化建设要遵循"政府主导、水利牵头、部门联动、齐抓共管"的原则，统筹各省河道勘测、规划、审批、开采、仓储、销售、运输、使用、修复，形成砂石基础数据资源库，实现砂石资源分布、砂石开采、砂石存储、砂石流向等数据实时掌握。采砂监管的信息化若能做到全国一盘棋，其将会最大程度地优化砂石资源配置，杜绝砂石市场混乱，使政府更加有效地进行宏观调控。

　　目前信息化技术已在采砂监管领域有了较多的运用，例如砂场视频监控系统、砂场营销管理系统、采砂设备 GPS 定位系统，这些技术较好地规范了砂场经营单位的采砂行为，节省了监管部门的人力、物力。但是这些技术也存在一些不足，一是各个系统没有整合在一起，一个砂场有几套信息化系统，不方便监管部门管理；二是不能满足更高决策者的监管需求，不能实现河道采砂全流程的信息化监管。

　　基于对现状河道采砂行业的深入研究和思考，华北水利水电大学水利大数据实验室以更高的维度和采砂全过程的监管理念研发了河道采砂监管大数据平台。该平台依托于先进的移动互联网平台，借助互联网、云计算、智能分析、视频监控、GPS 定位、传感器和 RFID 射频识别等技术，充分实现互联网在资源配置过程中的集成和优化作用，实现了对河道砂石勘测、规划、审批、开采、存储、销售、运输、使用、修复九大关键环节全生态链的网络化、信息化和智能化监管。

1.3　采砂现状及主要问题

1.3.1　对河道采砂认识不清

1. 河道砂石权属关系不明确

河砂作为河道河床重要的有机组成部分，是一种宝贵的战略型自然资源，是维持河床相对稳定和水流动态平衡的基本要素和重要因子。砂石作为河道自然资源，所属权应归为国有，由政府行政部门管理。各级政府河道管理办法已经颁发，但现阶段还没有明确的法律法规来确定相关权属关系。河道砂石的所有权主体缺位，实际上处于虚化状态，河道砂石所有权实际上在是由各级政府或者政府的各部门行使。

2. 管理职能不清

各级政府和相关部门管理职能不清楚，机制还没有形成有机整体，各地管理存在较大差异。河道采砂管理"政出多门"，河道采砂管理涉及水利、国土、资源、交通、公安等多个部门，目前多头管理的问题没有从根本上解决，部分地区采砂管理部门互相推诿现象时有发生，权责不清、不作为、乱作为等现象不绝如缕。河道砂石管理责任主体是地方政府和水行政主管部门，但现状是责任与权利是分离的，需要把责任和权利统一起来。

3. 河道疏浚和采砂的界定不清

河流有河道疏浚的客观需求，部分单位存在以合法形式掩盖非法采砂的情形。河道疏浚企业通过政府相关主管部门批准，获得对辖区河道进行排危、清淤等事项的行政许可，但是企业却借用排危、清淤的合法名义，实际上从事对清淤河道采砂的活动。

4. 无序采砂危害认识不清

非法过度开采河砂严重影响河流行洪能力和河势稳定。有些基层干部和群众对无序采砂造成的危害没有深刻认识，虽然知道属于违法行为，但架不住"无本起利"的诱惑太大，仍然有一些不法分子受暴利驱使，不惜铤而走险。目前，各类大型机具盗采砂石现象得到有效遏制，但各地沿河群众利用小型机具"蚂蚁搬家"式的盗采行为屡禁不止。

1.3.2 缺乏有效的管理机制

1. 法律法规体系不健全

水利部出台了《关于河道采砂管理工作的指导意见》，各省也出台了《河道采砂管理办法》。宏观政策指导已经有依据，但河道管理有其特殊性，每条河流的情况都不一样，无法规模化复制管理办法，需要因地制宜，一河一策地研究制定具体河道采砂的管理办法，各地采砂管理的法制化、制度化也需要对相关法规制度进行有效完善。

2. 监管机制不健全

河砂开采领域监管机制不健全，目前更多是应急式监管、运动式的高压管理，无论是人力、财力、物力都很难长期维持，各级政府和各部门没有形成全流程的产业链式监管。利益输送、权力寻租现象时有发生，甚至有地方河道采砂管理人员为非法采砂充当保护伞。

3. 缺乏有效的协调机构

政府职能强调监管，砂石企业关心经营，缺乏一个中间协调机构，为政府制定行业发展规划、法律法规提供依据，为贯彻政策、法律、法规、相关信息提供保障和服务。

4. 利益分配不合理

河道采砂相关利益分配没有形成合理的机制，各级政府、河砂属地村民、现有采砂公司之间的利益协同亟待完善。河道采砂门槛低，又属于暴利行业，局部地方容易形成不法分子勾结监管人员，形成黑恶势力，形成"人民群众遭殃，不法分子暴利，政府部门买单，领导干部担责"的死循环。

1.3.3 河道砂石市场发展不充分

1. 河砂空间分布不均衡

河道砂石资源整体呈现南多北少、东多西少的分布特点，长江、淮河等流域河砂资源较为丰富。河道采砂成本虽低，但运输成本较高。空间分布的不均衡，导致局部供需失衡，缺乏跨区域的有效统筹配置。

2. 河砂资源供不应求

河道砂石资源有一定程度的可再生性，但并不是取之不尽用之不竭，再生砂石的使用价值或经济性大为降低。目前的供给与需求的矛盾非常突出。河道砂石开采量相对较少，河砂已成为了短缺的建筑资源，由此导致了市场混乱、砂价飞涨等现象，一些单位及个人为了高额利益，铤而走险进行盗采河砂。

3. 缺乏产业链式开发

各地河砂管理多以开采后直接销售原材料为主，没有结合砂石上下游产业，导致砂石资源附加值较低，无法提高当地人民群众收入水平。

4. 缺乏有效的市场运营机制

目前砂石营销市场相对粗放，缺乏产、运、销、用完整的市场运行机制，导致政府难以掌握河道砂石各个环节，难以开展针对河道砂石的宏观调控。

1.4 采砂监管对策

河道采砂必须科学有序进行，不能只靠"堵"的方式，"堵"在限制社会发展的同时，会导致非法采砂更为猖獗，应由"堵"到"疏"，以达到河道生态、社会发展相对和谐的目的。具体对策及建议如下：

1. 明确河砂所有权及管理主体

河砂作为河道自然资源，所属权应归为国有。可将河道砂石权属主体设在县一级政府上，即以县级政府作为河道砂石收益权的主体，同时其也是河道采砂管理的主体。自然资源属性部分，可由自然资源部门组织勘察、登记。河道砂石的处分权归河道管理机关，由其对河道采砂实行统一管理，包括制定河道采砂规划、颁发河道采砂许可证、制定采砂收益分成规则，以及进行有关组织、协调、监督和指导工作。要大胆借鉴各地成功经验，实施河道砂石资源经营国有化为主体的改革，坚决遏制河道采砂乱象。

2. 成立河道采砂治理协会

河道采砂管理具有一定的滞后性，往往是出现问题才能进行管理，建议政府部门支持成立"河道采砂治理协会"，组织从事河砂勘察规划、生产销售、流通贸易、施工使用等相关企事业加入，在政府与企业之间起桥梁和纽带作用，协助政府完善健全行业管理，规范行业公平竞争秩序，促进行业自律，提前进行预防管理。加强法律宣传，用典型案例强化法制教育，同时营造良好氛围，发动群众参与监督举报。

3. 形成合理的利益分配机制

河道采砂利益分配应兼顾国家、地方政府、沿河居民与企业几方面的利益。河道砂石收益权属原则上由沿河市县共有，并由河道管理机关负责制定砂石出让收益分配方案，对河道采砂实行许可制度，河道采砂管理实行地方人民政府行政首长负责制。

河道中砂石资源归国家所有，对其加以科学规划利用的同时，应避免国家利益受到损失；河道管理的责任在地方政府，管理成本是需要地方政府承担的，使地方财政得到一定程度的补充，也有利于调动地方政府加大管理投入、加强管理力度的积极性；需充分考虑沿河居民的相关利益，确保社会安定；采砂企业的赢利空间也是必定要考虑的。建议采砂企业设立采砂发展基金，用于沿河居民的生产生活环境改善，减少社会矛盾，维护社会稳定。

4. 摸清底数，探索形成省、市、县的调控机制

按照"政府主导、水利牵头、部门联动、齐抓共管"的原则，统筹各省河道勘测、规划、审批、开采、仓储、销售、运输、使用、修复，形成砂石基础数据资源库，实现砂石资源分布、砂石开采、砂石存储、砂石流向等数据实时掌握。全国一盘棋，最大程度地优化砂石资源配置，杜绝砂石市场混乱，使政府更加有效地进行宏观调控。

5. 加强采砂规划和环评

河道采砂规划要按照《河道采砂规划编制规程》(SL 423—2008) 相关要求进行编制。落实"保护优先、绿色发展"的要求，坚持统筹兼顾、科学论证，确保河势稳定、防洪安全、通航安全、生态安全和重要基础设施安全，严格规定禁采期，划定禁采区、可采区，合理确定可采区采砂总量、年度开采总量、可采范围与高程、采砂船舶和机具数量与功率要求。采砂规划要按照水利规划环境影响评价的有关要求，编写环境影响篇章或说明。

6. 完善相关法律法规，规范管理

首先采砂监管要明确相关责任人，落实责任制。按照水利部《关于河

道采砂管理工作的指导意见》要求，对河道采砂管理重点河段、敏感水域河长责任人、行政主管部门责任人、现场监管责任人和行政执法责任人进行明确并公示。按照"保护优先、科学规划、规范许可、有效监管、确保安全"的原则和要求，保持河道采砂有序可控，维护河湖健康生命。

其次要强化采区管理，规范合法砂源开采。对经批准许可的采区开展全面排查，对取得河道采砂许可证的采砂企业，检查采砂作业是否符合定点、定时、定量、定船、定功率的"五定"要求，对采砂船舶的登记证书"三证"是否齐全进行排查，并督促采砂企业建立河砂开采及销售台账。

同时要强化源头管理，管控采、运砂船舶。对水域采砂船舶（机具）进行全面排查，对涉及非法改造、改装的隐形采砂船舶和"三无"非法采砂船舶，全面检查各种运砂船舶法定证书、车辆证照是否齐全，是否持有水利部门核发的河道砂石采运管理单，依法查处违规违法运输砂石行为，并倒查砂石来源。大力整治非法建造、改装采砂船舶问题，加强对造船企业生产活动的监督检查，严厉查处非法建造、改装采砂船舶行为。

最后要强化市场管理，维护运输秩序。加强机制砂生产的立项审批管理，科学合理设置机制砂场。在河道管理范围设置机制砂场，要按照河道管理权限的要求履行相关手续后报河道主管部门批准，依法取缔未经批准设立的机制砂场。矿山矿产资源加工的机制砂转入水路运输的，由县以上行业监管部门提供相关证明。无行业监管部门合法证明的，一律视为违法运输砂石行为，按相关法律法规依法处理。严防偷采砂石破坏山林、河流环境，扰乱砂石市场秩序。

7. 完善考核机制

按照"谁开采，谁清理，谁修复""边开采，边修复""政府兜底修复"三个原则修复河湖生态。对于生态修复任务量大的地方要制订计划逐步进行修复，确保按期完成修复任务。各地要根据中央要求，落实河长湖长的河湖管理保护责任，提高采砂管理成效，进一步细化河长制湖长制考核体系。

8. 支持行业龙头进行资源优化配置

发挥资源配置优势，支持国有龙头企业做大做强。以参股或者控股性质和各县市成立砂石公司，可以有效地解决利益分配问题，同时可在各省范围内进行资源优化配置，一定程度缓解砂石供需不平衡和分布不均衡的问题。随着砂石运输"公转铁"逐步展开，砂石行业转型升级发展有序推进，在全国范围也可以进行跨省、跨流域的调配砂石资源。

1.5 采砂信息化流程

河道砂石监管应该围绕参与主体和砂石产业链这两条主线进行。第一条主线是围绕河道砂石管理的各参与四个主体方。这四个主体为政府、民众、经营单位、使用单位，同时需要四个主体方形成闭环管理。第二条主线是围绕河道砂石产业链各关键环节进行监管，从勘测、规划、审批、开采、仓储、销售、运输、使用、修复九个流程环节等，进行全流程信息化监管。

如图1.1所示，采砂全流程信息化监管中，第一个流程是勘测，包括对河道砂石储量以及气象、水文、地形、地质、生态与环境、社会经济、防洪、航运涉水工程等进行勘测。第二个流程是规划，包括河道采砂任务规划、河道演变情况、采砂分区规划、泥沙补给分析、规划的实施和管理以及采砂影响分析等。第三个流程是审批，包括采砂规划审批、采砂权拍卖、河道采砂许可权申请、受理、审查、决定、期限和听证等。第四个流程是开采，包括砂的分类和规格、砂的检验、天然砂和机制砂等开采。第五个流程是仓储，包括砂的基本信息、砂石入库和出库统计表等。第六个流程是销售，包括购砂审批、签约客户、派单、运输监管、运输费用和客户费用结算等。第七个流程是运输，包括物流公司参与投标和履行合同等内容。第八个流程是使用，包括居民建房、一般工程类和特殊工程建设等用砂。最后一个是修复，包括河道内、河岸、道路以及河道水生态等方面的修复。

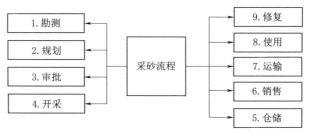

图1.1 采砂流程

1.6　河长制与采砂监管

河川之危、水源之危是生存环境之危、民族存续之危。当前我国水环境问题突出，对国家经济的发展产生严重影响和制约，水环境治理和水生态修复已经上升到国家战略发展的高度。全面推行河长制是落实绿色发展理念、推进生态文明建设的内在要求，是解决我国复杂水问题、维护河湖健康生命的有效举措，是完善水治理体系、保障国家水安全的制度创新。

全面推行河长制，对加强河道采砂管理工作提供了重要机遇。2016 年 11 月 28 日，中共中央办公厅、国务院办公厅印发《关于全面推行河长制的意见》；2017 年 12 月 26 日，中共中央办公厅、国务院办公厅印发《关于在湖泊实施湖长制的指导意见》，明确要求到 2018 年年底前在全国江河湖泊全面建立河长制湖长制，建立健全以党政领导负责制为核心的责任体系，各级河长湖长牵头组织清理整治非法采砂等突出问题，实行严格的考核问责机制。

采砂监管要以全面推行河长制湖长制为契机，进一步完善采砂管理体制机制，推动河长制湖长制与采砂管理责任制的有机结合，加强区域间、部门间协调联动，建立完善联防联控机制，着力形成河道采砂监管合力；要以全面推行河长制湖长制为抓手，层层压实各级党政河长和行政首长的属地管理责任，细化实化河道采砂管理任务，强化河道采砂管理措施，坚持日常巡视检查与执法打击并举，专项整治与源头治理并重，确保淮河采砂管理良好秩序。

水利大数据分析与应用河南省工程实验室于 2017 年起对河道采砂领域展开了系统的研究，在水利大数据分析与应用河南省工程实验室建设了开放式的智慧河砂大数据监管平台，对"勘测、规划、审批、开采、仓储、销售、运输、使用、修复"九个关键环节和"采砂业主、采砂船舶和机具、堆砂场、运输工具、使用单位"五个关键要素进行全流程的信息化监管，加强对用砂企业的合法砂源监管，并对各类非法采砂行为进行主动识别预警，帮助河道采砂主管部门提高采砂管理执法响应能力。

1.7 参考的国家标准和行业规定

本书在撰写过程中，参考的一些国家标准和行业规定如下：

（1）《中华人民共和国国民经济和社会发展第十三个五年规划纲要》（中发办〔2016〕）；

（2）《全国水利信息化发展"十三五"规划》（水规计〔2016〕205号）；

（3）《水文监测数据通信规约》（SL 651—2014）；

（4）《水环境监测规范》（SL 219—2013）；

（5）《中华人民共和国水法》（2016年修正）；

（6）《中华人民共和国防洪法》（2016年修正）；

（7）《中华人民共和国河道管理条例》（中华人民共和国国务院令第3号发布）；

（8）《长江河道采砂管理条例》（中华人民共和国国务院令第320号）；

（9）《河道采砂规划编制规程》（SL 423—2008）；

（10）《中华人民共和国航道法》（中华人民共和国主席令第十七号）；

（11）《水利信息化顶层设计》（水文〔2010〕100号）；

（12）《中共中央 国务院关于加快水利改革发展的决定》（2011年中央1号文件）；

（13）《关于大力推进信息化发展和切实保障信息安全的若干意见》（国发〔2012〕23号）；

（14）《国土资源部关于加强河道采砂监督管理工作的通知》（国土资发〔2000〕322号）；

（15）《水利信息化资源整合共享顶层设计》（水信息〔2015〕169号）；

（16）《河南省水利信息化发展"十三五"规划》（豫水计〔2016〕79号）；

（17）《河道采砂收费管理办法》（1990年6月20日 水利部 财政部 国家物价局发布）；

（18）《水文自动测报系统技术规范》（SL 61—2003）；

（19）《水利工程水利计算规范》（SL 104—2015）；

（20）《水利信息系统初步设计报告编制规定》（SL/Z 332—2005）；

（21）《国务院办公厅关于印发水利部主要职责内设机构和人员编制规定的通知》（国办发〔2008〕75 号）；

（22）《河道演变勘测调查规范》（SL 383—2007）；

（23）《风力等级》（GB/T 28591—2012）；

（24）《水功能区划分标准》（GB/T 50594—2010）；

（25）《水利部关于河道采砂管理工作的指导意见》（水河湖〔2019〕58 号）。

第 2 章

河 道 砂 石 储 量 勘 测

河道采砂活动对河道的地质、水生态环境等均有较大影响，后期治理难度大。因此，河道砂石在被进行规划和开采之前，需对采砂区进行专门的河道砂石储量勘测，查明采砂区特征，分析其对周边环境的影响，提出治理建议，为规划及设计提供依据。

本章就河砂勘测中的河道砂石储量、地形地貌、水文、气象、已建和拟建涉水建筑物以及生态与环境等六个方面进行详细的阐述，说明其影响因素，并提出相应的勘测技术与方法，希望能为读者提供一些帮助。

2.1　河道砂石勘测

河道砂石是河床组成的主要要素之一，也是体现河流特性的一个重要方面。过多的河道砂石会淤塞河道，抬高河床，进而河流决堤，造成洪涝灾害。所以河道采砂管理是河道管理的重要组成部分，事关河道防洪安全和社会稳定，河道砂石的勘测不仅对河道砂石规划有重要参考作用，而且还与人民生命财产安全息息相关。

2.1.1　河道砂石砂势勘测

河道砂石分为可采砂与非可采砂。对于非可采砂，这些砂石已经成为河床河堤的一部分，在开采以后极少能得到或得不到补充，很容易破坏河床生态环境，所以，为了满足河堤河道保护需要，原则上只进行保护，而不进行开采，可以使用无人机进行水上砂石砂势监察。本书里的砂势指的是河道有水处至河岸之间或河岸上存在的砂石的形状及数量。

1. 无人机砂石砂势勘测

无人驾驶飞机简称"无人机"（UAV，Unmanned Aerial Vehicle），是利用无线电遥控设备和自备的程序控制装置操纵的不载人飞行器。与载人飞机相比，无人机具有体积小、造价低、使用方便、对作战环境要求低、战场生存能力较强等优点。可广泛用于地质遥感、应急减灾、资源勘探、环境监测、禁毒侦察等领域。在河道有水处至河岸之间或河岸上存在的砂石进行勘测过程中，可使用无人机替代人工作业。

（1）作业流程。河流河道地形地势复杂，使用无人机进行河道砂石勘测需要考虑因素众多。一般来说，无人机外野作业需要确定航摄区域内最高点、最低点海拔和平均区域海拔，以此来确定无人机的飞行高度，合理规划无人机的飞行航线，进而获取相关的航拍数据。无人机数据的获取主要包括无人机外业组进场、航测前准备、数据获取和航测后工作，期间伴随着严格的项目管理与监督和质量控制体系机制，具体作业流程如图 2.1 所示。

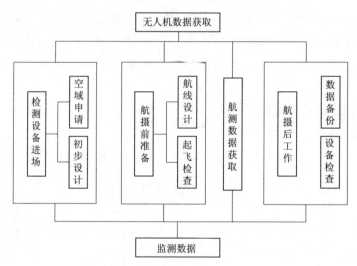

图 2.1　无人机外业作业流程图

通过无人机数字航空摄影获取河道砂石的高分辨率航空影像后，结合河道地面控制点或多视影像数据进行空中三角测量，建立立体模型，利用影像匹配技术生成数字表面模型，对航空影像进行微分纠正和映射纹理处理，生成河道砂石区域真三维直观数据模型。河道砂石区域三维实景建模处理流程如图 2.2 所示。

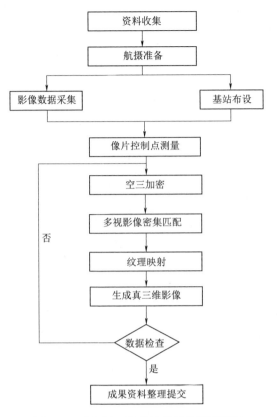

图 2.2　无人机三维实景建模处理流程图

（2）航摄基本要求。

1）像片重叠度要求。为保证砂石航拍影像清晰可辨，便于监管，无人机的航摄分区应尽量按照地形特征进行，最低点地面分辨率不能低于 0.1m。航向重叠度一般应为 75%～90%，旁向重叠度一般应为 70%～80%。

2）摄区边界覆盖保证。为保证河道砂石三维实景建模时的精确性，航向覆盖超出摄区边界线应不少于两条基线。旁向覆盖超出摄区边界线一般应不少于像幅的 50%；在便于施测像片控制点及不影响内业正常加密时，旁向覆盖超出摄区边界线也应不少于像幅的 30%。

3）航高保持。航拍期间，航线高度的较大变更会导致航拍影像资料分辨率出现分差，对于后期的河道砂石三维实景建模产生一定的影响。同一航线上相邻像片的航高差一般不应大于 30m，最大航高与最小航高之差一般不应大于 50m，实际航高与设计航高之差一般不应大于 50m。

4）漏洞补摄。为了对河道砂石的砂势进行比较全面的监察，当航摄中出现相对漏洞和绝对漏洞时均应及时补摄，应采用前一次航摄飞行的数码相机补摄，补摄航线的两端应超出漏洞之外两条基线。

5）影像质量。为了便于监察，航拍影像应清晰，层次丰富，反差适中，色调柔和；应能辨认出与地面分辨率相适应的细小地物影像，能够建立清晰的立体模型。影像上不应有云、云影、烟、大面积反光（水域除外）、污点等缺陷。

6）航摄时间选择。航摄影像的成图质量对航摄飞行的时间有一定的要求，在规定的航摄期限内，应选择地表植被及其他覆盖物（如积雪、洪水等）对成图影响较小、云雾少、无扬尘（沙）、大气透明度好的时间进行摄影。

7）航线规划设计要求。分区界线应与建模范围线相一致；分区内的地形高度差在保证影像地面分辨率及相邻像对正确连接的情况下，一般不大于 1/4 航摄航高；分区按照地形复杂情况进行划分。

（3）案例成果。为测试无人机拍摄及飞行性能，我们选取了试点县 1 和试点县 2 进行航拍，拍摄结果如图 2.3 和图 2.4 所示，三维实景建模如图 2.5 所示。

图 2.3　无人机拍摄试点县 1（河道两岸砂石）

2. 无人船砂石砂势勘测

相较于陆地地理信息的获取，水下地形数据的获取相对困难。在获取

图 2.4　无人机拍摄试点县 2（河道两岸砂石）

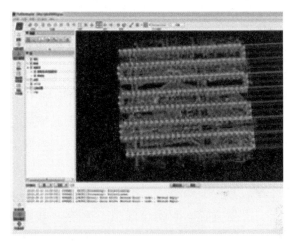

图 2.5　河道砂石三维实景建模

水下地形信息数据方面，无人测量船系统优势明显，已被持续应用到水下地形测量中，极大地提高了水下地形测量工作的效率与质量。

无人测量船简称"无人船"（USV，Unmanned Ship Vehicle），是一种可以无须遥控，借助精确卫星定位和自身传感器即可按照预设任务在水面航行的全自动水面机器人。可在河海中执行各种危险或重复枯燥的工作，在河道砂石砂势监测方面可以广泛地使用。

一般来说，为了适应河道砂石砂势的监测及水下地形的测量，无人船需要具有以下几项功能：

（1）无人船系统。可选择搭载多参数水质传感器、测流仪、采样器、GPS、视频监控系统，自主航行过程中同步完成水质水文监测、地形与库容测绘、采样、巡河等任务，同时上传数据报送至 APP 或 PC 端数据平台；自主导航，可按设定的路线自动完成指定路线与指定点位航行；自动返航，完成任务后自动返航，确保在超出控制信号覆盖范围时依然可以正常工作；智能操控，实时接收手机、PAD 等智能终端给出的手动指令并执行，通过移动终端控制完成全部的航行控制和采样任务；接收并执行地面基站任务指令，并完成定位、姿态、无人船工作状态等航行控制和野外作业任务，各类数据信息的采集同步传输至数据平台，系统自主避障，涵道式推进器有效防水草树枝、防渔网、防碰撞；吃水浅，可轻易到达有人船无法到达的监测区域。

（2）监测单元。水质方面，可测 pH 值、水温、电导率、溶解氧、浊度、叶绿素、蓝绿藻、氨氮、COD、ORP、透明度等；水文方面，可测流向、流速、流量、断面形状、水底地形、流场结构调查等；气象方面，可测温度、湿度、风速、风向、气压、雨量等；影像方面，可进行水下现场照片的拍摄以及视频的录制。

（3）采样单元。在设定完固定经纬度点位以后，进行河流河道不同剖层指定深度的水样采集。

（4）数据平台系统。可实现现场数据与数据平台或 APP 传输共享，多点数据联动，同时上传或下载；也可对实时数据进行显示、查询、统整分析，形成海量数据库；并根据监测系统数据自动生成水质污染的多种图表，以数据列表、图形、色彩、动画等方式直观表达；进而对数据样本进行全面的汇总分析，得出监测水体不同时段、不同区域的明确分类；自动生成日/月/年数据报表，报表可存储可导出；通过数据平台或 APP 实现设备参数修正，可随时调阅无人船的航行轨迹等工作状态；结合采集数据，根据 GIS 地理信息，实时显示系统位置信息和工作状态图。

2.1.2　河道砂石储量勘测

在河道采砂管理规划编制过程中，准确的河道砂石储量数据是合理确定年度采砂控制总量的重要依据。所以很有必要对河道砂石储量进行详细的勘测。

2.1.2.1　河道砂石储量构成

河道砂石储量分为河道砂石总储量、河道砂石禁采储量与河道砂石可采储量三种。所谓河道砂石总储量为河道内所有存在的砂石的总储量，包括有水处至河岸之间或河岸上存在的砂石储量和水面覆盖处砂石储量；河道砂石禁采储量为在码头、桥梁、生态保护区等不允许采砂区域的砂石储量；河道砂石可采储量为河道砂石总储量中，除禁采区域内和实际生产活动中不允许采集的砂石储量以外的部分。针对砂石储量的构成特点，可采用不同的计算方法。

2.1.2.2　河道砂石储量计算

到目前为止，还没有比较系统的砂石储量计算方法，这里我们结合实际以及吴彦等人的研究简单介绍了三种比较可行的方法。

1. 地质块段法

地质块段法（geological ore block method），指一种在算术平均法的基础上加以改进的储量计算法。刚开始它是为了勘测矿区储量，但在部分河床比较平坦的河流也可以使用此种方法计算河道砂石储量。地质块段法按一定的条件或要求（如不同的地质条件、河砂质量、开采技术条件、研究程度等），把整个河道划分为若干大小不等的部分（即块段），然后用算术平均法分别计算各部分的体积和储量。各部分储量的总和，即为整个河道的砂石储量。

地质块段法的基本思想是把形状复杂的砂区转化成为与该体积大致相等的简单形体，从而计算其体积和砂石储量等。第 i 个块段计算方法见式（2.1）。

$$V_i = H_i S_i \tag{2.1}$$

式中：V_i 为第 i 个块段砂石储量，m^3；H_i 为第 i 个块段砂石平均厚度，m；S_i 为第 i 个块段面积，m^2。

第 i 个块段砂石平均厚度（H_i）的确定可根据两断面的测点进行确定，通过勘测断面各测点的砂石厚度，累加后进行平均，即可得到块段砂石平均厚度，计算公式见式（2.2）。

$$H_i = \frac{\sum_{j=1}^{N} h_j}{N} \qquad (2.2)$$

式中：H_i 为第 i 个块段砂石平均厚度，m；h_j 为第 i 个块段两端断面第 j 个测点测得的砂石厚度，m；N 为断面测点个数，个，无具体要求，一般都需要在断面中心设一条中泓垂线，两边根据具体需要设置不少于两条的对称中泓垂线。

块段面积（S_i）的确定可根据河段的长度与断面宽度进行计算，断面勘测时，断面应始终平行，故按照平行四边形计算方法可得到块段面积。计算方法见式（2.3）。

$$S_i = W_i L_i = \frac{w_i + w_{i+1}}{2} l_i' \sin\theta \qquad (2.3)$$

式中：S_i 为第 i 个块段面积，m^2；W_i 为第 i 个块段河道砂石平均宽度，m；L_i 为第 i 个块段两断面之间的垂直距离，m；w_i 为第 i 个断面的宽度，m；w_{i+1} 为第 $i+1$ 个断面的宽度，m；l_i' 为第 i 个断面与第 $i+1$ 个断面之间的倾斜距离，约等于断面之间的河道长度 l_i，m；θ 为第 i 个断面与第 $i+1$ 个断面之间的倾斜距离方向与断面方向夹角，（°）。地质块段法两断面示意图如图 2.6 所示。

在计算出第 i 个块段处的砂石储量以后，将所有块段进行累加即可得到河道水下砂石总储量。计算方法见式（2.4）。

$$V = V_1 + V_2 + V_3 + \cdots + V_i$$
$$= \sum_{k=1}^{i} V_k \qquad (2.4)$$

式中：V 为河道水下砂石总储量，m^3；V_1，V_2，V_3，$\cdots$，V_i 为第 1，2，3，$\cdots$，i 个块段的砂石储量，m^3；V_k 为第 k 个块段的砂石储量，$k=1$，2，3，$\cdots$。

至此，使用地质块段法进行河道水下砂石储量计算结束。此方法主要

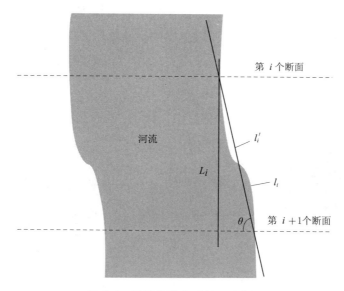

图 2.6　地质块段法两断面示意图

基于深度与长度进行计算，所以只能勘测推移质和河床砂石总储量，对于水中悬移质河砂并不能有效地勘测。地质块段法在计算的过程中多次运用近似、平均等概念，而且此方法没有涉及砂石比重问题，需要结合砂石比重才能计算出砂石重量总储量，具有一定的缺陷。

2. 断面积分法

断面积分法是一种基于自然规律且针对河流河砂储量勘测的方法，具有精确度高、可操作性强等诸多优点。该方法首先在河道断面上进行垂线方向上的砂石储量勘测，然后根据断面各个垂线点的数据绘制出此河道断面上的砂石储量地形图，最后总结各个河道断面上的砂石储量数据，绘制出整条河道砂石地形图，进而算出河流砂石储量。

断面积分法主要分为三个部分，分别是垂线方向砂石含量勘测、断面砂石含量勘测与区域砂石含量勘测，三个部分依次进行，即可得出比较精确的河道砂石储量信息。

（1）垂线砂量勘测。在垂直方向上进行砂石勘测时，由于在含砂量大的河流中，河谷开阔，泥砂大都堆积在平缓的中、下游，此部分河床抬高，水位上升，河砂分布稳定，整体呈 U 字形，所以适宜使用钻孔设备进行河砂分布的勘测，进而确定可开采河砂的种类和深度。

根据河道砂石特性，垂线砂石勘测时应测取两个位置的砂石数据，分别为水与河床砂交界处砂石含量与河床质河砂的深度。然后根据插值法得出水中和河床上的砂石含量。河道垂线砂石储量勘测如图 2.7 所示。

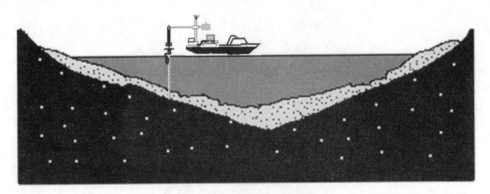

图 2.7 河道垂线砂石储量勘测

（2）断面砂量勘测。在得到河道断面各个垂线方向上的砂石种类和深度数据以后，应用统计学方法模拟出此断面河床河砂的上下曲线函数，最后使用微积分计算出上下曲线之间的面积，结合断面砂石密实度，即可得出此断面河砂的水中砂石及河床质砂石储量面积。计算公式见式（2.5）及式（2.6）。

$$S_k = D_k \sum_{i=1}^{\frac{N-1}{2}} \int_{l_{2i-1}}^{l_{2i+1}} [C - y_i] \mathrm{d}x \tag{2.5}$$

$$S'_k = D'_k \sum_{i=1}^{\frac{N-1}{2}} \int_{l_{2i-1}}^{l_{2i+1}} [y_i - y'_i] \mathrm{d}x \tag{2.6}$$

式中：S_k 为第 k 个断面水中砂石储量面积，m^2；S'_k 为第 k 个断面河床质砂石储量面积，m^2；D_k 为第 k 个断面水中砂石密实度；D'_k 为第 k 个断面河床质砂石密实度；C 为河道水流平面；y_i 为河道断面第 i 分段贝塞尔模拟上曲线，m；y'_i 为河道断面第 i 分段贝塞尔模拟下曲线，m；l_{2i-1} 为河道断面第 i 分段左侧横坐标，m；l_{2i+1} 为河道断面第 i 分段右侧横坐标，m；N 为断面测点个数，一般为除 1 的奇数，视具体河宽而定。

其中 y_i 与 y'_i 分别可以表示为式（2.7）和式（2.8）。

$$y_i = (1-t)^2 A_{k-2} + 2t(1-t) A_{k-1} + t^2 A_k, \ t \in [0,1] \tag{2.7}$$

$$y'_i = (1-t)^2 A'_{k-2} + 2t(1-t) A'_{k-1} + t^2 A'_k, \ t \in [0,1] \tag{2.8}$$

式中：$k \in [3, N]$；A_{k-2} 为河道断面第 i 分段左侧点坐标；A_{k-1} 为河道

断面第 i 分段中间点坐标；A_k 为河道断面第 i 分段右侧点坐标。

也可采用三次样条插值法进行计算，计算公式见式（2.9）。

$$y_i = \frac{(x_j - x)^3}{6h_j}M_{j-1} + \frac{(x - x_{j-1})^3}{6h_j}M_j + \left(y_{j-1} - \frac{M_{j-1}h_j^2}{6}\right)\frac{x_j - x}{h_j}$$
$$+ \left(y_j - \frac{M_j h_j^2}{6}\right)\frac{x - x_{j-1}}{h_j}, \quad j = 1, 2, \cdots, n \tag{2.9}$$

式中：$h_j = x_{j+1} - x$，$j = 1, 2, \cdots, n$；M_0，M_1，$\cdots$，M_n 为待定系数。可满足式（2.10）。

$$\mu_j M_{j-1} + 2M_j + \lambda_j M_{j+1} = d_j, \quad j = 1, 2, \cdots, n-1 \tag{2.10}$$

式中：$\mu_j = \dfrac{h_j}{h_j + h_{j+1}}$，$\lambda_j = 1 - \mu_j = \dfrac{h_{j+1}}{h_j + h_{j+1}}$，$j = \dfrac{6}{h_j + h_{j+1}}\left(\dfrac{y_{j+1} - y_j}{h_{j+1}} - \dfrac{y_j - y_{j-1}}{h_j}\right)$。

砂石密实度 D_k 与 D_k' 可根据水体砂石含量进行转换得出，计算公式见式（2.11）和式（2.12）。

$$D_k = \frac{V_{k砂}}{V_{k总}} = \frac{M_{k砂}}{\rho_砂 V_{k总}} = \frac{C_k V_{k总}}{\rho_砂 V_{k总}} = \frac{C_k}{\rho_砂} \times 100\% \tag{2.11}$$

$$D_k' = \frac{V_{k砂}'}{V_{k总}'} = \frac{M_{k砂}'}{\rho_砂 V_{k总}'} = \frac{C_k' V_{k总}'}{\rho_砂 V_{k总}'} = \frac{C_k'}{\rho_砂} \times 100\% \tag{2.12}$$

式中：D_k 为第 k 个断面水中砂石密实度；D_k' 为第 k 个断面河床质砂石密实度；$V_{k砂}$ 为水中砂石体积，m^3；$V_{k总}$ 为第 k 个断面处河床以上水砂体积，m^3；$M_{k砂}$ 为第 k 个断面处水中砂石重量，kg；C_k 为第 k 个断面处河床以上水砂石含量，kg/m^3；$V_{k砂}'$ 为第 k 个断面河床质砂石体积，m^3；$V_{k总}'$ 为第 k 个断面处砂石含量体积，m^3；$M_{k砂}'$ 为第 k 个断面河床质砂石含量重量，kg；C_k' 为第 k 个断面河床砂石含量，kg/m^3；$\rho_砂$ 为砂石密度，kg/m^3。

（3）区域内砂量勘测。这里的区域指的是河砂开采地点或者采砂场所处的地方。为保证安全，采砂点或者采砂场所处河道一般都地势平坦，地形地貌较为简单，占地面积也不大，在获取河道断面与垂线上的河砂种类与深度数据后，应用统计学方法模拟出各个断面河床河砂的上下曲线函数，使用微积分计算出相邻切面之间的体积，最后进行体积累加即可得出此区域内河砂的储量。计算公式见式（2.13）。

$$V = \sum_{k=1}^{j-1} \frac{1}{3} m \big[(S_k + S_{k+1} + \sqrt{S_k S_{k+1}}) + (S_k' + S_{k+1}' + \sqrt{S_k' S_{k+1}'}) \big] \quad (j = 2, \ 3, \ \cdots)$$

(2.13)

式中：V 为区域内砂石总量，m^3；m 为两断面的水平距离，m；S_k 为第 k 个断面水中砂石储量面积，m^2；S_{k+1} 为第 $k+1$ 个断面水中砂石储量面积，m^2；S_k' 为第 k 个断面河床质砂石储量面积，m^2；S_{k+1}' 为第 $k+1$ 个断面河床质砂石储量面积，m^2；j 为断面个数。

此种方法是基于棱柱体积公式进行计算的，所以可以称为体积累加法，其计算流程如图 2.8 所示。

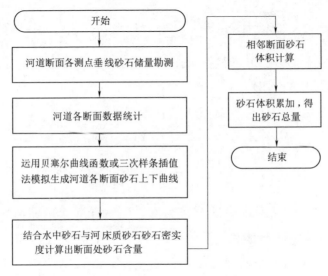

图 2.8　体积累加法计算流程

除了上述方法外，还可以使用空间积分的方法进行砂石储量计算，即在得到河道断面与垂线上的河砂种类与深度数据后，应用统计学方法模拟出河床河砂的上下空间曲面函数，最后使用三重微积分计算出上下曲面之间的面积，即可得出此断面河砂的储量。计算公式见式（2.14）。

$$V = \sum_{k=1}^{j-1} \bigg[D_{k_1} \int_{x_i}^{x_i} \int_{y_k}^{y_{k+1}} \int_{z_{k_1}'}^{z_{k_1}'} C - f_1(x, \ y) \mathrm{d}z \mathrm{d}x \mathrm{d}y + D_{k_2} \int_{x_i}^{x_i} \int_{y_k}^{y_{k+1}} \int_{z_{k_1}'}^{z_{k_1}'} f_1(x, \ y) -$$
$$f_2(x, \ y) \mathrm{d}z \mathrm{d}x \mathrm{d}y \bigg] \quad (i = 1, \ 2, \ 3, \ \cdots; \ k = 1, \ 2, \ 3, \ \cdots)$$

(2.14)

式中：V 为区域内砂石总量，m^3；D_{k_1} 为第 k 个断面水中悬移质砂石密实度；D_{k_2} 为第 k 个断面河床砂石密实度；C 为河道水流平面函数；$f_1(x, y)$ 为区域河道河床砂石上模拟曲面（即水下地形曲面），m^2；$f_2(x, y)$ 为区域河道河床砂石下模拟曲面，m^2；x_1 为河道断面第 1 个垂线检测点横向坐标，m；x_i 为河道第 i 个垂线检测点横向坐标，m；y_k 为沿河道且垂直第 k 个断面方向坐标，m；y_{k+1} 为沿河道且垂直第 $k+1$ 个断面方向坐标，m；$Z_{k_3}^i$ 为河道第 k 个断面第 i 个垂线检测点河水水平面纵坐标，m；$Z_{k_2}^i$ 为河道第 k 个断面第 i 个垂线检测点河床砂石处纵坐标，m；$Z_{k_1}^i$ 为河道第 k 个断面第 i 个垂线检测点河床砂石最大深度处纵坐标，m；i 为垂线检测点的个数；k 为断面个数。

其中 $f_1(x, y)$ 与 $f_2(x, y)$ 可在河道砂石数据勘测的基础上，结合 MATLAB 软件中的 griddata 函数进行散乱点插值，通过 surf 函数进行运算及三维展示。示例如图 2.9 所示。

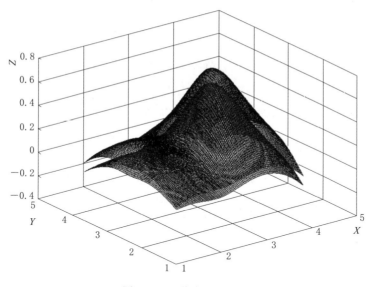

图 2.9　河道曲面模拟图

此种方法采用的是上下曲面相减并进行积分计算的，故可以称为空间积分法，其计算流程如图 2.10 所示。

3. 动静结合法

河道砂石储量源于历史储量和河道砂石外来迁移量，故砂石可开采储量可据此分为静态可开采砂石储量和动态可开采砂石储量两部分，分别来进行计算。

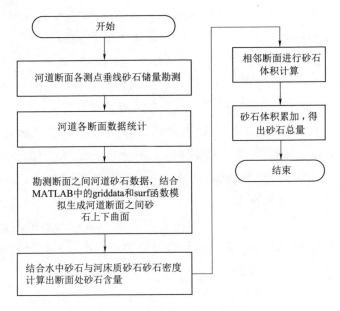

图 2.10 空间积分法计算流程

（1）静态可开采砂石储量。静态可开采砂石储量指在开采区内现状河床形态下位于开采高程以上的砂石历史储量，可由开采区面积、河床实测高程的均值、河床开采高程等参数并结合地质块段法思想计算得出。计算公式见式（2.15）。

$$V_o = SH = BL_o(Z_o - Z_1) \tag{2.15}$$

式中：V_o 为静态可开采砂石储量，m^3；S 为开采区面积，m^3；H 为开采区开采深度，m；B 为开采区河段平均宽度，m；L_o 为开采区河段长度，m；Z_o 为开采区河砂床面平均初始高程，m；Z_1 为河砂开采高程，m。

（2）动态可开采砂石储量。动态可开采砂石储量指开采区外砂石迁入量与区内砂石迁出量的差值，可以认为动态可开采砂石储量近似等于来水来砂在开采区的沉积量与上游河床溯源冲刷量之和。计算公式见式（2.16）。

$$V_t = V_q + V_s \tag{2.16}$$

式中：V_t 为动态可开采砂石储量，m^3；V_q 为沉积量，m^3；V_s 为溯源冲刷量，m^3。

动态可开采砂石储量随时间而变化，一般情况下，历时越长，来水来砂在开采区的沉积量越大，上游河床溯源冲刷量也越大，因此多年期的动态可开采量比一年期大。

在式（2.15）中，V_q 可根据上、下游水文站实测的流量和含沙量等资料，计算出瞬时沉积量，再对时间积分得到，计算公式见式（2.17）。

$$V_q = \int_0^t S_{m上}Q_{上} \, dt - \int_0^t S_{m下}Q_{下} \, dt$$

$$= \int_0^t (S_{m上} - S_{m下})Q \, dt \qquad (2.17)$$

V_s 可由计算公式（2.18）得到：

$$V_s = \frac{S_t h}{2} = \frac{(B_t H \cos\beta)h}{2} \qquad \beta \in [\partial, \theta] \qquad (2.18)$$

式中：S_t 为开采区上游发生溯源冲刷的面积，m^2；B_t 为开采区上游发生溯源冲刷河段平均宽度，m；β 为开采区上游发生溯源冲刷河段河床坡度，（°）；∂ 为开采区上游附近河床在洪水顺坡冲刷下的边坡稳定坡度，（°）；θ 为开采区上游河床多年冲淤平衡稳定坡度，（°）。

在得到静态可开采砂石储量与动态可开采砂石储量数据后，经过叠加，即可得到河道可开采砂石总储量，计算公式见式（2.19）。

$$V_s = V_o + V_t \qquad (2.19)$$

至此，河道垂线方向，断面处，区域内的河砂储量勘测就完成了。其中地质块段法和断面积分法可适用于河道砂石总量和禁采区砂石储量的勘测，动静结合法可适用于河道砂石可开采储量的勘测。如要在现实中使用，应视具体情况而定。

2.2 河道地形地貌勘测

河砂本质上是砂石的一种，其形成的原因多样，其中地形地貌对河砂的形成影响最大。为了保证开采的安全性，对于地形地貌需要认真勘测。地形地貌勘测主要分为以下几个方面。

2.2.1 河道全流域地形地貌

河流地貌地形是水流与泥沙相互作用，达到动态平衡的结果。河道采砂改变了河流泥沙和输送能力之间的平衡状态，使河流发生显著的地貌地形变化，河流须重新进行分配，向采空区域补充上游输送的砂石，直到采挖河段地貌地形再次与水流状况达到平衡状态。从总体上来看，河道采砂会对整条河流的地形地貌造成影响，需要在采砂前详细勘测整条河的地形地貌。

想要绘制河道全流域地形地貌图，需要了解河流名称、流经行政区域、河流长度、流域面积；确定河道断面名称、型式、位置、左右岸高程，深泓点高程、河道纵坡、河底高程、河底宽度、河口宽度等河道基础信息；最后使用专业设备和软件绘出相应的河流河道地形地貌图。

2.2.2　规划河段地形地貌

河道采砂会对河道地形地貌产生影响，尤其对开采的那一部分河段，很可能直接改变原有的地形地貌，造成不可预知的后果。河道采砂的原则是尽可能不改变原有地形地貌，所以很有必要对规划开采河砂的河段提前进行详细的勘测，及时调整采砂规划。

规划、勘测河道全流域地形地貌图，也需要了解河段名称、流经行政区域，河段长度、流域面积；确定河道断面名称、型式、位置、左右岸高程，深泓点高程，河道纵坡，河底高程，河底宽度，河口宽度等河道基础信息。除此之外，相比于整条河流的规划，规划河段一般线程较短，所以也可以确定地形地貌类型，如平原、高原、山地、丘陵、盆地等，重力地貌、喀斯特地貌、黄土地貌、雅丹地貌、丹霞地貌等。最后使用专业设备和软件绘出相应的河道地形地貌图。

2.3　河流水文勘测

相较于地形地貌对于河流泥沙的影响，河流水文资料更能直观的展示河流泥沙的相关信息，所以在河流砂石勘测过程中，河流水文信息需要详细的勘测，主要可分为以下几个部分。

2.3.1　泥沙

在河流采砂过程中，最重要的莫过于勘测出河道泥沙资源分布情况。按泥沙在水流中的运动状态，可分为河床质、推移质和悬移质。河床质泥沙则相对静止而停留在河床上；推移质泥沙受水流冲击沿河底移动或滚动；悬移质泥沙浮于水中并随之运动。河流采砂主要在河床质泥沙和推移质泥沙中进行，其中河床质泥沙分布情况可通过地形地貌和断面勘测计算出来。

河流泥沙勘测时，首先需要确定规划河段的名称，流经行政区域，河段长度和流域面积；其次查找规划河段历年断面含沙量数据，包括河道断面处悬移质年输沙量，河道断面处推移质年输沙量，河道断面处年输沙量（等于悬移质加推移质），河道断面处河水年含沙量，河道断面处泥砂颗粒级配以及河道断面处床砂粒径分布及级配；最后，借助现代化仪器，合理分配断面并编号，精确测出当年规划河段各个断面含沙量数据。

2.3.2 径流

河流泥沙中有部分砂石会随水流迁移，为了了解河流泥沙的迁移过程以及预测迁移结果，为河流河砂开采规划作为参考，需要对河道径流做详细的勘测工作。

在河流径流勘测过程中，首先需要确定规划河段的名称，流经行政区域，河段长度和流域面积；其次查找规划河段历年水位数据，如具体到某个断面的某年水位，流量，流速；最后，借助现代仪器勘测，合理分配断面并编号，精确测出当年规划河段断面的水位，流量及流速。

2.3.3 冰情与潮汐

党的十九大报告中指出"人与自然是生命共同体，人类必须尊重自然、顺应自然、保护自然。人类只有遵循自然规律才能有效防止在开发利用自然上走弯路，人类对大自然的伤害最终会伤及人类自身，这是无法抗拒的规律"。所以在河流砂石开采前，需要对河流自然规律进行详细勘测，其中最具代表的自然规律为冰情与潮汐。

在对有冰情的河段进行勘测时，首先需要确定规划河段的名称、流经行政区域、河段长度、流域面积；其次查阅历史资料，确定河流封冻开始时间与河流封冻开始时间、冰层厚度与封冻影响，总结出封冻变化规律；最后得出历年封冻历时，并预测当年封冻历时和封冻影响，及时调整采砂规划。

在对有潮汐的河段进行勘测时，首先需要确定规划河段的名称、流经行政区域、河段长度、流域面积；其次通过查阅历史资料获取潮汐基本特性，包括潮流河段流向、潮汐流速、潮位、潮差、类型、历时、正规半日潮或不正规半日潮、正规日潮或不正规日潮等；最后结合最新数据预测当年潮汐的流速、潮位、潮差、类型、历时等信息，及时调整采砂规划。

2.3.4　人类活动影响

河流两侧交通便利，取水方便，通常会有大量居民聚居，并修建各种工程建筑，这也就难免会对河流产生影响。人类对于河段的水文影响主要为大型土建项目的施工带来的影响，可分为以下三部分：

（1）水库修建。有些河道经常发生洪涝灾害，为此在河流上修建了大量的水库。水库是我国防洪广泛采用的工程措施之一。在防洪区上游河道适当位置兴建能调蓄洪水的综合利用水库，利用水库库容拦蓄洪水，削减进入下游河道的洪峰流量，达到减免洪水灾害的目的。

对于规划河段附近修建的水库，勘测时需要确定规划河段的名称、流经行政区域、河段长度、流域面积；确定水库名称、库容、开工与完工日期；搜集勘测水库开工前后水库坝址上游河道断面处年输沙量、来水量、下游河道断面处年输沙量、出水量等信息。

（2）矿藏开采会对河流地形地貌产生一定的影响。为减小影响，目前国内外金属矿山保护地表河流的唯一行之有效的措施，就是采用充填法，防止围岩崩落，减缓岩移。河流砂石开采也会影响河流的地形地貌，为了规避河流矿藏填充区域，需要对规划河段内的矿藏开采活动进行详细的勘测。

对于河砂开采，需要勘测确定规划河段的名称、流经行政区域、河段长度、流域面积，确定规划河段内开采矿藏活动项目名称、项目开工与完工日期；最后搜集勘测项目开工前后项目上游河道断面处年输沙量、来水量、下游河道断面处年输沙量、出水量等信息。

（3）水土保持河流河道地形复杂，有些区域容易发生滑坡，水土流失等情况。当地政府为了缓解这些情况，有时会做一些水土维护措施。提前勘测清楚这些水土保持措施，可以避免与河流采砂活动发生冲突。

水土保持方面，需要勘测确定规划河段的名称、流经行政区域、河段长度、流域面积，确定规划河段内水土保持措施项目名称、项目开工与完工日期；搜集勘测项目开工前后项目上游河道断面处年输沙量、来水量，下游河道断面处年输沙量、出水量等信息。

2.4 河流气象勘测

河道采砂管理中，气象在采砂过程中也是有着不小的影响，特别是对于河流的流量等方面特别明显，所以需要做好相应的勘测。根据性质不同，勘测可分为以下几个部分。

2.4.1 降水

规划河段勘测降水过程中，首先需要勘测确定规划河段、流经行政区域、河段长度、流域面积；其次通过查阅历史资料获取历年最大降水量、最小降水量、算出年平均蒸发量；最后通过当地气象局或者网上获取当年最大降水量、最小降水量、多年平均值等，并预测平均降水量。

2.4.2 气温

规划河段勘测气温过程中，首先需要勘测确定规划河段、流经行政区域、河段长度和流域面积；其次通过查阅历史资料获取历年年极端最高温度、年极端最低温度、统计年平均温度；最后通过当地气象局或者网上获取当年最高温度、最低温度，并预测当年平均温度。

2.4.3 风力

规划河段勘测风力过程中，首先需要勘测确定规划河段、流经行政区域、河段长度、流域面积；其次通过查阅历史资料获取历年风力等级、统计年平均风力等级，并预测当年平均风速。

按照国家气象局 2018 年发布的《风力等级》（GB/T 28591—2012），风力等级可按标准划分。实际风力勘测时，可结合当地气象站风力信息进行。

2.4.4 其他气象

除了降水、气温、风力等几个主要部分，其他诸如起雾、下雪、冰霜等勘测如果有必要，也可以按照相关标准在规定河段测量。

2.5　河流已建和拟建涉水工程勘测

河砂分布情况复杂，有的河流砂石规划采集地周围会有一些已建和拟建涉水工程，河道采砂会对附近跨/穿河建筑物的安全造成较大影响，如果不详细进行勘测，可能会对后续的河流采砂及建筑物本身造成一些不必要的影响和损失。

2.5.1　倒虹吸设施

当渠道与道路或河沟高程接近，处于平面交叉时，需要修一构筑物，使水从路面或河沟下穿过，此构筑物通常称为倒虹吸。

规划河段勘测倒虹吸设施过程中，首先需要勘测确定规划河段、流经行政区域、河段长度、流域面积；其次通过查阅倒虹吸设施设计书获取倒虹吸设施名称、位置、规模、等级以及设计流量；最后确定倒虹吸设施是拟建还是已建，及时调整河段采砂规划。

2.5.2　取水口

随着人口的不断增加，地下水已经不足以供给家庭与工农业用水，所以在河道两旁经常会有一些取水口，而这些河道取水口一般都是设置在政府部门划定的饮用水源保护区范围内，为了后续河道采砂的顺利实施，有必要对这些取水口进行详细的勘测。

规划河段勘测取水口过程中，首先需要勘测确定规划河段、流经行政区域、河段长度、流域面积；其次通过实地考察及查阅相关资料获取取水口名称、位置、年允许取水量、实际年取水量、取水方式及取水用途等信息；最后确定将要拟建的取水口，及时调整河段采砂规划。

2.5.3　排污口

排污口有多种，大体可分为工业排污口与生活排污口，排污管道往往会每天排出大量废水。为保证排污管道顺利工作，河道采砂场所应远离这些排污口。如因客观原因不能远离，应对排污管道进行隔离，对排污口进行保护，保证排污口正常排水排污。

规划河段勘测排污口过程中，首先需要勘测确定规划河段、流经行政区域、河段长度、流域面积；其次通过实地考察及查阅相关资料获取排污口名称、位置、类型、年排污量等信息；最后确定将要拟建排污口，及时调整河段采砂规划。

2.5.4 水闸

水闸作为调节水位、控制流量的水工建筑物，具有挡水和泄水（引水）等多种功能，是江河湖泊防洪调度、排涝挡潮、引水供水工程体系的重要组成部分，是减少自然灾害损失、保障经济社会发展和人民群众生命财产安全的重要基础设施。由于水闸的重要作用，河道采砂时应尽量避开水闸所在地。

规划河段勘测水闸过程中，首先需要勘测确定规划河段、流经行政区域、河段长度、流域面积；其次通过实地考察及查阅相关资料获取水闸名称、位置、规模、等级，最大过闸流量及闸孔数量等信息；最后确定将要拟建的水闸，及时调整河段采砂规划。

2.5.5 管道和光缆线

现代科技迅速发展，大量的信息交流需要敷设许多管道以及光缆。河流相对于土地，人们较少进行使用，这也就造成河道内及河道两旁被敷设了大量管道和光缆线，这些管道和光缆线或民用，或国有。如果不提前进行勘测，在河砂开采过程中会产生难以预料的后果。

在规划河段勘测管道和光缆过程中，首先需要勘测确定规划河段、流经行政区域、河段长度、流域面积；其次通过实地考察及查阅相关资料获取管道和光缆所属单位、功能、敷设长度、敷设高程、敷设起点和终点等信息；最后确定将要拟建的管道和光缆线路，及时调整河段采砂规划。

2.5.6 码头

码头又称渡口，是一条由岸边伸往水中的长堤，也可能只是一排由岸上伸入水中的楼梯，它多数是人造的土木工程建筑物，也可能是天然形成的。根据货物种类，除供装卸货物和上下旅客所需泊位外，在港内还要有辅助船舶和修船码头泊位。码头线长度根据可能同时停靠码头的船长和船舶间的安全间距确定。

河流砂石开采时，开采的砂石可以通过陆地运输至存储地，也可以通过河道直接走水路至目的地。一般情况下，码头附近不允许进行采砂活动，但基于河砂运输的特殊性，河砂在开采过程中既要尽可能地靠近河道码头，又需要与河道码头保持安全距离，避免损害河道码头，造成难以预料的后果。

在规划河段勘测码头过程中，首先需要勘测确定规划河段、流经行政区域、河段长度、流域面积；其次通过实地考察及查阅相关资料获取码头名称、位置、规模、功能、起点与终点等信息；最后确定将要拟建的码头，及时调整河段采砂规划。

2.5.7　水电站

水电站是能将水能转换为电能的综合工程设施。一般包括由挡水、泄水建筑物形成的水库和水电站引水系统、发电厂房、机电设备等。水库的高水位水经引水系统流入厂房推动水轮发电机组发出电能，再经升压变压器、开关站和输电线路输入电网。

在规划河段勘测水电站过程中，首先需要勘测确定规划河段、流经行政区域、河段长度、流域面积；其次通过实地考察及查阅相关资料获取水电站名称、位置、规模、等级、型式、蓄水库储砂量、水电站出砂量等信息；最后确定将要拟建的水电站，及时调整河段采砂规划。

2.5.8　桥梁

桥梁一般指架设在江河湖海上，使车辆行人等能顺利通行的构筑物。为适应现代高速发展的交通行业，桥梁也引申为跨越山涧、不良地质或满足其他交通需要而架设的使通行更加便捷的建筑物。桥梁一般由上部结构、下部结构、支座和附属构造物组成。上部结构又称桥跨结构，是跨越障碍的主要结构；下部结构包括桥台、桥墩和基础；支座为桥跨结构与桥墩或桥台的支承处所设置的传力装置；附属构造物则指桥头搭板、锥形护坡、护岸、导流工程等。

河流采砂过程中，大量的采砂船会出入河道，如果河道上桥下净空高度不够，极易发生碰撞，轻则撞坏砂船桥梁，重则危害砂船驾驶者及桥上的行人。桥梁附近不应采砂，否则会对桥梁安全产生不利影响。所以需要对采砂河段的桥梁进行详细的勘测，对于桥下净空高度不够的桥梁进行拆除或者根据实际情况及时调整采砂船航道。

在规划河段勘测桥梁时，首先需要勘测确定规划河段、流经行政区域、河段长度、流域面积；其次通过实地考察及查阅相关资料获取桥梁名称、位置、跨度、长度、距水面高度等信息；最后确定将要拟建的桥梁，及时调整河段采砂规划。

2.6 河流生态与环境勘测

砂石是河流生态系统的重要组成部分，是河流生物附着生存的物理基底和重要生境要素。大规模的河道采砂会引起一系列严重的生态环境后果，包括河床下切导致河势失稳，河道水位和漫滩洪水发生频率下降，地表径流和地下水分配格局发生变化，河流生境和生物多样性下降，威胁着河流生态系统结构和功能的完整性，使得系统稳定性和抵抗力下降。在理解生态环境影响机理的基础上提前勘测河流生态与环境，有助于将河道采砂造成的干扰控制在河流系统可以承受的范围之内，减轻或避免产生负面的生态环境问题。

2.6.1 生态环境现状

河流生态系统依附于河流而存在，微小的河流生态环境改变即可能引起整个河流生态系统的改变。在河流采砂时，应尽可能不引起河流生态环境的改变，或在采完河砂以后尽量还原其生态环境，提前勘测河流生态环境现状，可有效规避河流生态环境的改变，为后续生态环境的还原提供依据。

在规划河段勘测生态环境时，需要勘测确定规划河段、流经行政区域、河段长度、流域面积；在不改变原有生态环境的情况下进行实地勘测，查阅相关资料获取规划河段周边的生活污水排放情况、工业废水排放情况、生活垃圾堆放情况、水土流失情况、农业面源污染情况等河道生态环境信息；根据规划河段的实际河道生态环境信息，及时调整河段采砂规划。

2.6.2 水功能区划

水功能区划是指依据国民经济发展规划和水资源综合利用规划，结合区域水资源开发利用现状和社会需求，科学合理地在相应水域划定具有特定功能、满足水资源合理开发利用和保护要求并能够发挥最佳效益的区域；确定各水域的主导功能及功能顺序，制定水域功能不遭破坏的水资源保护目标；通过各功能区水资源保护目标的实现，保障水资源的可持续利用。因此，水功能区划是全面贯彻《水法》、加强水资源保护的重要举措，是水资源保护措施实施和监督管理的依据，对实现以水资源可持续利用、保障经济社会可持续发展的战略目标具有重要意义。

根据《水功能区划分标准》（GB/T 50594—2010）规定，水功能区分级分类系统应符合图 2.11 的规定。

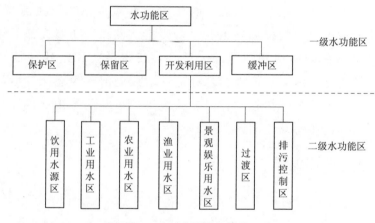

图 2.11 水功能区分级分类系统

水功能区划对于环境保护及社会可持续发展具有重要意义，所以在河砂开采前应在规划河段进行详细勘测。

在规划河段勘测水功能区划时，首先需要勘测确定规划河段、流经行政区域、河段长度、流域面积；其次通过实地考察及查阅相关资料获取水功能区划名称、起讫点、长度、现状水质、目标水质、水体功能等信息；最后根据规划河段的水功能区划要求信息，及时调整河段采砂规划。

2.6.3　环境规划

环境规划是指为使环境与社会经济协调发展，把"社会-经济-环境"作为一个复合生态系统，依据社会经济规律、生态规律和地学原理，对其发展变化趋势进行研究而对人类自身活动和环境所做的时间和空间的合理安排。其目的是指导人们进行各项环境保护活动，按既定的目标和措施合理分配排污削减量，约束排污者的行为，改善生态环境，防止资源破坏，保障将环境保护活动纳入国民经济和社会发展计划，以最小的投资获取最佳的环境效益，促进环境、经济和社会的可持续发展。

环境规划是促进环境与经济、社会可持续发展的重要举措，在河砂开采过程中，应提前详细勘测当地政府对于河流的环境规划，尽量不要与环境规划发生冲突。

在规划河段勘测环境规划时，首先需要勘测确定规划河段、流经行政区域、河段长度、流域面积；其次通过与当地政府沟通，实地考察及查阅相关资料获取河流环境规划名称、期限、范围以及目标等信息；最后根据规划河段的环境规划要求信息，及时调整河段采砂规划。

2.6.4　自然保护区

自然保护区是指对有代表性的自然生态系统、珍稀濒危野生动植物物种的天然集中分布、有特殊意义的自然遗迹等保护对象所在的陆地、陆地水域或海域，依法划出一定面积予以特殊保护和管理的区域。对于国家而言，动植物的多样性及数量是极为重要的资源，其为保持自然环境做出了巨大的贡献，同时为人们拥有健康的生活环境提供了充分的基础保障。国家为能够对珍贵及稀有动植物品种进行很好的保护，同时把各类典型的生态系统进行全方位的有效保护，创建了一定数量的自然保护区，自然保护区的创建对于野生动植物的保护起到了很好的促进作用，尤其能够为那些濒临灭绝的动物的安全繁衍提供很好的环境。

在实际环境中，有些自然保护区是建在河流区域上的。如长江新螺段白鳍豚自然保护区、白水江自然保护区等。为保证自然保护区的完整性以及河砂开采的规范性，在河砂开采过程前，应提前对规划河段的自然保护区进行详细勘测。

　　在规划河段勘测自然保护区时，首先需要勘测确定规划河段、流经行政区域、河段长度、流域面积；其次通过与当地政府沟通，实地考察及查阅相关资料获取自然保护区名称、面积、范围、珍稀动植物名称、批准日期等信息；最后根据自然保护区要求，及时调整河段采砂规划。

2.7　本章小结

　　河道河砂的勘测是河道采砂监管流程的第一步，也是关系到后续河砂运输与使用的最为重要的一步。在本章中，我们详细阐述了河砂勘测过程中的河道砂石储量、地形地貌、水文、气象、已建和拟建涉水建筑物以及生态与环境六个方面，并分析了这些方面对河砂开采的影响，根据实际情况，提出适宜的解决办法，对河砂开采及监管的后续环节具有重要的参考价值。

第 3 章

采 砂 规 划 与 审 批

在进行了河床环境、水文、气象等的勘查后，河道采砂下一步就需要进行详细的规划。不少河流的采砂活动已经充分证明采砂规划是非常重要的一个环节。如果缺乏合理的采砂规划，河道采砂活动必然处于盲目无序的失控状态，给河势稳定、防洪和通航安全等都带来很大危害。

本章详细叙述实施采砂前的规划编制和审批工作，对河道采砂规划任务、河道演变情况和泥沙补给分析、河道采砂分区规划、规划的实施与管理、规划的审批等进行阐述，为制定和实施好河道采砂规划进而能够科学实施下一步的砂石开采等工作奠定基础。

3.1 采砂规划原则

编制河道采砂规划必须要符合国家的相关法规和政策，符合江河流域综合规划和区域综合规划，并与相关专业规划相协调。河道采砂规划要贯彻统筹兼顾、全面规划、科学合理、适度利用、有序开采的原则；应正确处理好整体与局部、干流与支流，上游与下游、左岸与右岸，需要与可能、近期与远景等方面的关系；同时要充分考虑河势稳定、防洪和通航安全、生态与环境保护以及跨、穿、临河的建筑物及设施（以下统称涉水工程）正常运行的要求。

编制河道采砂规划还应根据河道的特性、治理开发的阶段以及采砂管理的要求等因素合理确定规划期；最后应加强调查研究，充分利用已有的相关分析研究成果，总结以往采砂管理的经验，重视基本资料的收集整理和分析。

3.1.1　采砂规划制定的缘由

河道砂石是河床的重要组成部分，也是国家进行基础设施建设的重要物质资源，在修筑堤防、填塘固基、工程建筑、烧制灰砖等方面应用广泛。我国江河河道中砂石资源储量丰富，主要以历史储量砂为主，开采历史悠久，从 20 世纪 80 年代开始兴起。到 20 世纪末 21 世纪初，随着大型重点工程的全面提速，城市改造和新农村建设的稳步推进，各类砂料的需求量大增。近几年来，由于扩大内需项目与大型建设项目的重叠，砂石资源的需要更是到达一个空前的高度。在可观经济利益的驱动下，开采砂石的规模和范围迅速扩大，在主要江河上，各类采砂设备蜂拥而至，无序采砂现象严重，一度形成滥采乱挖的混乱局面，不仅人为破坏了河床的自然形态，而且给河势稳定、防洪安全、通航安全、生态环境以及国民经济和社会发展带来严重影响。如我国近年来屡屡发生采砂影响跨河高速公路、国道桥梁通行安全的事件，非法采砂极易引起堤岸坍塌，更有甚者直接将堤岸挖掉。

河道砂石开采的暴利性和采砂船只的流动性，给采砂管理带来相当的困难，也使得无序开采及滥采挖乱对河道防洪、河势、航运安全的影响大增。主要表现为：一是破坏堤防、护岸等防洪工程和设施。导致堤岸崩塌，致使险段增加，严重影响防洪安全。二是改变河势，导致水位降低，流路变化，致使供水、灌溉、水文观测等工程设施正常功能和效益受到影响。三是影响交通设施和航运安全。无序采砂可能引起河床下切，造成河道流速加快，形成险滩，并且危及过往船只的安全，同时还可能影响桥梁等涉水工程建筑物的安全。四是可能导致污染扩散，影响供水水质，恶化和诱发水环境及水生态灾害。五是给社会造成不安定因素。部分采砂者在完成了资本的原始积累后，乘机进行势力扩张，垄断砂石资源的开采、运输及销售，并形成一定的地方势力。为争夺砂场，勾结黑恶势力相互争斗的事件时有发生。一段时期以来，无序采砂成为政府、社会各界人士和人民群众十分关注的热点和难点问题。为使河道砂石资源得到科学合理的利用，将采砂活动纳入法制化、科学化、制度化管理，加快编制江河河道采砂规划是十分必要和紧迫的。

1. 维护河势稳定

河道砂石是河势稳定、水沙平衡的物质基础。大规模无序、集中、超量的采砂，违反了河道演变的自然规律，破坏了河道原已形成的动态平衡，致使河床形态急剧变化，河床下切，深槽逼岸，危及堤防和防洪安全，无序采砂还可导致河势急剧变化，分汊河段和河网地区流量、水位和水量等分配比例失调，致使防洪、取水、桥梁等涉水设施难以正常运行，给河道两岸经济发展和人民生命财产带来严重威胁。

2. 水行政主管部门履行职责

《中华人民共和国水法》第三十九条规定：国家实行河道采砂许可制度。河道采砂许可制度实施办法，由国务院规定。在河道范围内采砂，影响河势或者危及堤防安全的，有关县级以上人民政府水行政主管部门应当划定禁采区或规定禁采期，并予以公告。

《中华人民共和国河道管理条例》第二十五条规定：在河道管理范围内采砂、取土、淘金、弃置砂石或者淤泥，必须报经河道主管部门机关批准，涉及其他部门的，由河道主管机关会同有关部门批准。

从近年我国采砂监管的实践来看，采砂规划工作还处于起步阶段，部分地区还未开展相关规划，采砂活动还处于粗放式管理阶段；已制定的规划干支流、上下游管理标准不统一、分区划分和限制条件不一致。部分采砂规划的研究基础还很薄弱，有些规划应急特征明显（如灾后重建项目及省内重点项目采砂场），采砂分区规划不尽合理，采砂总量未进行有效控制。总体来看，现阶段采砂规划还不成熟、不完善，还未建立起系统、全面、科学的全流域性采砂规划体系。因此，迫切需要将各地区编制的采砂规划进行汇总整理，按照一定的标准纳入全国江河河道采砂规划中，以提高采砂规划的完整性、协调性和可操作性。

3. 为采砂监管提供依据

泥沙是组成河床的主要物质基础，也是工程建设的重要原料。河道泥沙一般主要来源于上游干支流及两岸支流、湖泊入汇的泥沙，局部河段由于河岸崩塌、河床冲刷、水土流失等，也会成为泥沙的另一个来源。河道采砂通过采掘河床表层的床沙进行，而床沙是挟沙水流与河床相互作用的产物。为保持采砂河段河势基本稳定，泥沙冲淤处于动态平衡，必须合理规划采砂范围和采砂深度。如无节制掠夺性地采砂，将会破坏河床自然形态，影响水流走向和泥沙冲淤变化，不利于河势稳定。制定河道采砂规划，为适度、合理地利用河道砂石资源提供科学依据，有利于砂石资源的保护和保持良好的水生态。

4. 综合治理无序采砂

河道采砂监管的目标是实现依法、科学、有序管理。这三者之间相辅相成。"有序"是目的，"科学"是基础，"依法"是前提和保障。没有一整套有效的监管制度和实施办法，有序监管的目标将难以实现。无序采砂之所以猖獗一时，缺乏科学的规划和有效的监管措施是重要原因之一。

目前，我国大部分河道由于没有制定科学的采砂规划，没有划定河道的禁采区、开采区、保留区，没有对开采总量等进行统一的规划，采砂监管缺乏科学依据，难以规范采砂行为。随着经济建设的迅速发展，今后全社会对河道砂石资源的需求量将会进一步增加。因此，尽快制定采砂规划，是规范采砂行为，进而将河道采砂纳入科学化、规范化监管的需要。

5. 完善水利专业规划

流域综合利用规划是开发利用和保护河流的总体规划，是流域治理的纲领性文件，它需要多项专业规划与之配套，如河道治理规划、防洪规划、航运规划、岸线利用规划等。由于各种原因，在已制定的流域利用综合规划中，采砂专业规划没有引起足够的重视，给采砂监管工作带来盲目和被动，大规模无序、超量的采砂行为已经威胁了河道防洪安全，并造成一系列的严重社会问题。由于在管理、控制和审批采砂许可证等具体操作时缺乏科学依据，给各级水行政主管部门的采砂执法监管工作带来很大的困难。

为使河道向健康良性方向发展，保障行洪、供水、灌溉、航运等综合利用的安全，实现河道采砂的依法、科学、有序监管，需要制定采砂规划。目前，各流域的综合规划正在进行修编，编制采砂专业规划，并将其纳入流域综合规划，是进一步完善水利专业规划，实现流域综合管理的迫切需要。

3.1.2　制定采砂规划的基本原则

1. 编制依据

（1）法律法规。《中华人民共和国水法》《中华人民共和国防洪法》《中华人民共和国环境保护法》《中华人民共和国河道管理条例》《中华人民共和国水文条例》等；《国务院办公厅关于印发水利部主要职责内设机构和人员编制规定的通知》(国办发〔2008〕75 号)。

（2）技术标准。《河道采砂规划编制规程》（SL 423—2008）、《河道演变勘测调查规范》（SL 383—2007）。

（3）各省水利厅制定的法规、规章等。有关规划文件包括各流域综合规划、防洪规划、内河航道与港口规划、河道治理规划和航道整治规划、岸线利用规划，各市县水利发展"十三五"规划、国民经济"十三五"发展规划等。

2. 指导思想

党的十九大报告指出："建设生态文明是中华民族永续发展的千年大计，必须树立和践行绿水青山就是金山银山的理念；坚定走生产发展、生活富裕、生态良好的文明发展道路，建设美丽中国，为人民创造良好生产生活环境，为全球生态安全作出贡献。"按照构建环境友好型社会的要求和促进人水和谐的理念，正确处理砂石资源保护与利用的关系；综合协调上下游、左右岸及相关专业规划之间的关系，尊重河道演变及河势发展的自然规律，通过对采砂分区的合理规划、采砂总量的科学控制和规划实施的有效监管，在保障防洪安全、河势稳定、供水安全、航运安全和满足生态环境保护要求的前提下，实现砂石资源的强化管理、科学保护和合理利用，促进社会的可持续发展。

3. 编制原则

（1）坚持维护河势稳定，保障防洪、通航、供水和水环境安全的原则。采砂规划要充分考虑防洪安全、通航安全以及沿河涉水工程和设施正常运行的要求，要与各区域综合规划以及防洪、河道整治、航道整治等专业规划相协调，注重生态环境保护。

（2）坚持科学发展，可持续发展的原则。处理好当前与长远的关系，体现人水和谐、协调发展的治水理念和"在保护中利用、在利用中保护"的要求，适度、合理地利用砂石资源。

（3）坚持全面协调、统筹兼顾的原则。正确处理流域上下游、左右岸以及各地区之间的关系以及保护与利用、规划与实施、实施与监管的关系，尽量满足新形势下河道采砂的需求。

（4）坚持总量控制、分年实施的原则。突出规划的宏观性、指导性、适应性和可操作性的要求，为采砂监管提供基础依据。

（5）坚持突出重点、兼顾一般的原则。对采砂监管矛盾突出、流域内经济发展水平较高和采砂对河道影响较大的河流，采砂规划应尽量详细具体，在此基础上，兼顾一般河流的采砂规划。

（6）坚持与河道、航道治理工程相结合，实现互利双赢的原则。按照建设节约型社会的要求，最大限度地将采砂规划与河道治理和航道治理相结合，尽量减少疏浚弃砂，实现砂石资源利用的最大化。

4. 名词解释

为方便读者理解，对以下名词进行详细解释：

（1）河道采砂（river sand-mining）：在河道管理范围内从事采挖砂、石，取土和淘金（含淘取其他金属和非金属）等活动的总称，简称采砂。

（2）禁采区（prohibited area of sand-mining）：在河道管理范围内禁止采砂的区域。

（3）可采区（mineable area of sand）：在河道管理范围内允许采砂的区域。

（4）保留区（reserved area of sand-mining）：在河道管理范围内采砂具有不确定性，需要对采砂的可行性进行进一步论证的区域。

（5）禁采期（prohibited period of sand-mining）：禁止采砂的时期。

（6）可采期（mineable period of sand）：可采区允许采砂的时期。

（7）年度控制采砂总量（annual total control sand-mining amount）：规划河段内一个年度允许的最大采砂总量。

（8）可采区年度控制采砂量（annual control sand-mining amount in the mineable area of sand）：各可采区一个年度允许的最大采砂量。

（9）可采区采砂控制高程（control elevation of sand mining in the mineable area of sand）：各可采区允许采砂的最低高程。

3.2　采砂规划主要工作内容

3.2.1　收集基本资料

基本资料的收集、整理和分析是采砂规划必不可少的环节，是编制河道采砂规划的基础，其质量对采砂规划成果的可靠程度影响很大。考虑到采砂规划涉及的基本资料面广、量大，为使采砂规划建立在可靠的基础上，特别对调查、收集、整理和分析的有关基本资料的范围进行了规定。详尽收集流域及规划河段气象、水文资料的目的，是为分析流域及规划河段气象、水文特性服务。因此，编制河道采砂规划的时候应调查、收集、整理和分析有关气象、水文、地形、地质、生态与环境、社会经济、涉水工程以及采砂监管等方面的资料。

1. 气象水文资料

收集的气象水文资料应能反映流域或规划河段气象、水文特性，主要包括气象资料和水文资料等内容。气象资料包括降水、气温、风、雾等气象特征值。采砂规划对气象资料的要求，主要是能据此说明流域及规划河段基本气象变化特征及重要的气象要素特征。

水文资料主要有径流资料，包括规划河段历年水位、流量、流速特征值，以及分析流域洪水（内容见表 3.1）和枯水特性所需的相关资料等。

表 3.1   采砂规划河流历史洪水调查表

洪水编号	发生时间/（年-月-日）	洪峰流量/（m³/s）	对应频率/%	洪水成因	受灾地区	伤亡人数/人	淹没损失淹没耕地/万亩	财产损失/亿元
洪水 1								
洪水 2								
……								

水文资料还包括泥沙资料，主要有规划河段历年输沙量、含沙量（填写见表 3.2）、泥沙颗粒级配、床沙组成等；潮汐资料，包括感潮或潮流河段的潮位、潮差、流速、流向等潮汐基本特性；冰情资料，包括河流历年封冻起讫日期、封冻历时及变化规律、冰厚、封冻影响等，并能从中认识采砂活动对河道水文特征的影响。当规划河段属于防洪重点河段时，分析内容还应包括流域及规划河段的暴雨洪水特征。

规划河段的泥沙来源及组成、河段输沙量特征、泥沙颗粒级配、床沙组成及级配等是采砂规划中水文特性分析的重点，也是制定采砂规划的重要支撑，因此流域及规划河段泥沙资料的收集应力求全面和翔实。当流域或规划河段输沙量资料缺乏时，还需进行必要的调研并收集邻近流域泥沙资料，同时开展必要的采样分析，为估算规划河段泥沙补给提供依据。

表 3. 2　　　　　　　　　采砂规划河流主要控制站泥砂成果表

主要控制站/(名称)	控制流域面积/万 km²	平均含沙量/(kg/m³)	平均输沙量/万 t	最大含沙量/(kg/m³)	最大输沙量/万 t	最小含沙量/(kg/m³)	最小输沙量/万 t	平均粒径/mm	中值粒径/mm
测站 1									
测站 2									
……									
备注									

注　备注中应标明本河流的流域面积和泥沙成果统计年限。

规划河段位于感潮河段或潮流河段时，水文特性的分析还应重点分析潮汐变化特性及规律等方面，因此，要求收集相应的潮位、潮差、流速、潮汐基本特性以及潮流流向等资料。

北方河流冬季封冻是其特征之一，收集北方河流冰情资料，开展必要的冰情变化特征及规律、规划河段发生冰坝、冰塞的可能性以及采砂的影响等的分析，是北方河流采砂规划重要内容之一，也是合理确定开采期的重要依据之一。

2. 水沙变化资料

人类活动的影响，包括上游大型水库工程的兴建、大型土建项目建设或开采矿藏的活动、水土保持措施的实施等，这些工程的实施将明显影响甚至改变下游河段的来水来沙特性，因此有条件时，应收集这些人类活动情况资料，以及因这些活动而造成的水沙变化资料，如水库的蓄水拦沙资料、开采矿藏导致的河道来沙量变化、水土保持措施的减水减沙情况等，为分析流域产沙影响因素、初步预测规划期内流域来水来沙变化趋势等提供基础。必要时应收集流域内现有的防洪设施和现行防洪调度运用的有关指标和调度方案等资料，为分析采砂活动对防洪影响提供依据。

3. 河道地形和地质资料

河道地形和地质资料是采砂规划的重要基础资料。根据采砂规划要求，本段讲述了河道地形和地质资料的质量要求。特别对于河道地形资料，要求能够反映河道实际情况。河道地形资料是认识河道形态的基础资料。因此，全面收集河道地形资料对采砂规划是极为重要的。重要河流，特别是防洪问题比较突出或重要的通航河流，收集以往河道地形资料和相关分析成果，以全面深入分析采砂河段河道演变情况和趋势、泥沙冲淤变化是十分必要的。

中华人民共和国成立以来，在各主要江河进行了大规模的水利建设，兴建了大量的水利水电工程。有些水利水电工程较大地改变了河流的自然状态。进行采砂规划时，应当调查收集这方面的资料，有针对性地进行研究，以更好地掌握河流的演变过程，预测演变趋势。

河道地形地貌、地层岩性特征决定了规划河道的泥沙来源、泥沙特性，泥沙沉积的历史及现状，是河床冲淤变化研究的基本资料；河谷结构、岸坡形态、岸坡类型与采砂可能产生的地质灾害直接相关；河床沉积物的组成及主要来源是规划开采区的基本要素，砂（砾石）层的分布情况是规划河段采砂层位、采砂量及可能的补给方式宏观判断的依据，了解分布特征，对限制、指导河道采砂具有宏观指导作用；以上工作内容可以通过收集区域地质、河流阶地堆积物调查资料及了解已有工程勘察资料等完成。

总而言之，收集的河道地形和地质资料应能完整反映河道地形现状、地质特征，主要包括以下内容。

规划河段以往河道地形图、固定断面资料，不同时期河道特征资料和以往河道演变分析成果等。当河道地形资料缺乏时，可根据规划需要进行补充测量或开展必要的外业调查。地形图的比例尺可视河道宽度等情况确定，不宜小于1∶1000。当已建水利水电工程和其他涉水工程对规划河段河势有明显影响时，应调查收集相关的实测资料或预测成果。虽然对采用的河道地形图的比例尺作出了原则规定，但具体操作时可根据不同河流的情况灵活掌握；规划河段的地形地貌、地层岩性特征、河谷结构、岸坡形态和类型，沉积物的组成及来源，河道砂（砾石）层的分布特征等；可采区砂层的颗粒组成、储量、分布范围及高程等。在资料缺乏时，可根据规划要求进行必要的外业勘测及试验工作。对于采砂活动可能产生不可逆转的环境地质问题，如岸坡变形破坏、河床泥沙介质改变等，在采砂规划中应进行分析预测，从保护地质环境的角度提出开采限制条件或提出消除崩岸等地质灾害产生的措施建议。

4. 生态与环境、涉水工程以及采砂监管等资料

生态与环境资料应包括规划河段区域的生态与环境状况、水功能区划、环境保护规划、文物保护和已批准的湿地保护、珍稀动植物保护区等资料。涉水工程资料应包括河道两岸堤防、护岸、港口码头、涵闸、桥梁、隧道、取水口、排水口、穿河电缆和管线、河道整治、航运等跨、穿、临河的建筑物及设施资料。还应该收集江河流域综合规划和区域综合规划，防洪规划、河流航道整治规划、航运规划等专业规划（见表3.3，以河流航道治理基本情况统计表为例填写相关信息），以及沿河各地经济社会发展和城市建设规划。

表 3.3　　　　　　　　　河流航道治理基本情况统计表

河段名称	所在位置	航道长度/km	航道等级		航道标准		已建工程		规划工程	
			现状	规划	现状	规划	工程措施	长度/km	工程措施	长度/km
河段1	省、市、县									
河段2	省、市、县									
……										

3.2.2　规划任务

研究的对象为规划范围内采砂活动。根据采砂监管要求，确定采砂规划范围。采砂规划是一项限制性规划，具有很强的时效性，考虑到河道的动态变化特征与规划的时效性要求，一般规划的规划期为3年。

规划的主要任务是：调查分析河道采砂现状及监管情况，分析总结砂石资源开采与监管中存在的主要问题；分析河道演变规律、演变趋势及对河道采砂的限制和要求；根据河道水文泥沙特征、泥沙输移和补给规律，统筹考虑区域内经济发展对砂石的需求，合理确定规划期内采砂控制总量及年度采砂总量；在深入分析河道采砂对河势控制、防洪安全、水资源利用、生态环境保护及其他方面影响的基础上，科学划分禁采区、可采区和保留区，并按照合理利用和有效保护的要求，对砂石开采的主要控制性指标加以限定；初步分析采砂后对防洪安全、河势稳定、供水安全和水生态及水环境的影响；在认真总结以往采砂监管经验的基础上研究提出采砂规划实施与管理的指导意见，以及加强采砂监管的政策制度建议；在此基础

上编制各河道采砂规划报告。

3.2.3 河道演变及泥沙补给分析

河道演变与泥沙补给分析是编制河道采砂规划时确定年度控制采砂总量及可采区布置宏观控制的重要基础和依据，是河道采砂规划的重要内容之一。编制河道采砂规划应根据规划河段的水文、地形、地质、已有的河道演变分析成果、人类活动的影响情况等基础资料进行河道演变与泥沙补给分析。河道演变与泥沙补给分析的内容和方法宜根据规划河段的河道特性、治理开发情况具体确定。对河势变化大或特别重要的河段，宜结合数学模型计算或河工模型试验进行综合分析。

1. 河道的不同情况分析

由于各规划河道的类型、特性的差异、治理开发情况的不同，河道演变与泥沙补给分析的内容和方法也有所不同。对于河道走向及平面形态受山体和阶地严格制约的山区性河道及山区性向平原性过渡的河道，河道演变分析的内容可侧重于边滩心滩、多滩多汊型河道的推移质堆积物的堆积演变分析，泥沙补给分析的内容可侧重于推移质泥沙运动的分析，分析内容的深度可适当简化。

对于河道演变受近期来水来沙条件及河床边界等相互影响的平原冲积性河道，开发利用的程度加大，河道稳定性要求增加，河道演变分析的内容应力求全面，泥沙补给分析的内容可侧重于悬移质泥沙运动的分析。当规划河段的资料缺乏时，河道演变与泥沙补给分析可结合河道演变与泥沙补给的实地调查并参照相关类似河流进行类比分析，其分析内容的深度可适当简化。

数学模型计算和河工模型试验是河道演变与泥沙补给的定量分析的一个有效的方法。在规划阶段，有条件时采用这类分析方法，不仅丰富了研究手段，而且通过不同的分析方法，可以将分析结论相互佐证，使河道演变与泥沙补给分析成果更加合理可信。

2. 河道演变分析

河道演变分析的内容应包括河道历史时期演变、近期演变以及河道演变趋势分析。在河道演变分析中，应注意以河道近期演变、河道演变趋势分析为重点。

（1）河道历史时期演变分析应说明历史时期河道平面形态、河床冲积（或堆积）及洲滩等演变特征。河道历史时期演变分析主要是反映河道的历史演变过程和特征。历史时期河道平面形态及洲滩冲淤变化是分析的主要内容，可通过历年河道地形图的比较并结合史籍资料进行分析。

（2）河道近期演变分析是河道演变趋势分析的基础。河道近期演变及演变趋势分析应综合分析规划河段近期的河势和河床冲淤变化的特性和演变趋势。规划河段及其上下游、干支流修建水库等水利枢纽、实施水土保持和河道整治等人类活动影响而可能导致规划河段来水来沙、河床边界条件等发生较大变化时，应分析其对河道演变的影响。

（3）河道近期演变分析的成果质量与河道演变观测的情况相关。一般情况下，河道近期演变分析可通过对比分析历年河道深泓线的平面及纵向变化、岸线的变化及滩槽的冲淤变化，以及河道年际和年内冲淤总量、冲淤变幅及冲淤部位等冲淤状况，分析河道的河型、洲滩、深槽、岸线、深泓线以及浅滩等的变化情况，得出规划河段近期的河势和河床冲淤变化的结论。河道演变趋势分析是在河道近期演变分析的基础上，结合影响河道演变的主要因素，对规划期内的河势和河床冲淤变化作出科学的预测。对于高含沙河流，需要注意分析高含沙水流下的河道演变特性。

河道演变趋势分析不仅要考虑河道近期演变的情况，而且要考虑规划期内人类活动的影响变化，以使河道演变趋势分析成果更加全面和可靠。

3. 泥沙补给分析

泥沙补给分析的内容宜包括规划河段的来水特性、泥沙来源、悬移质、推移质的输移特性和颗粒级配、床沙的组成及其颗粒级配。泥沙补给分析可根据河道的水文、地形、地质等资料及河道演变特性和规划河段的河道冲淤状况、床沙颗粒级配、上游来沙数量和颗粒级配，利用输沙平衡原理分析各河段的泥沙补给状况。泥沙补给分析还应研究人类活动对规划河段泥沙来量变化和补给的影响。

泥沙补给分析的内容和方法取决于规划河段的泥沙观测资料条件。考虑到一些河流的泥沙观测资料较少或缺乏的实际情况，对泥沙补给分析的内容和方法可以只作原则规定。在进行泥沙补给分析时，可根据规划河段的具体情况，合理确定泥沙补给分析的内容和方法。

对于以推移质输沙特性为主的河道，当具备多年推移质资料时，其算术平均值即为多年平均推移质输沙量；当缺乏实测推移质资料时，鉴于在一定地区及河道水文地理条件下河道的多年平均的推移质输沙量与悬移质输沙量之间具有一定的相关系，可选用系数法进行估算。

对于以悬移质输沙特性为主的河道，当具备多年悬移质资料时，其算术平均值即为多年平均悬移质输沙量，并可根据悬移质颗粒级配计算各粒径组泥沙的比例。当悬移质资料不足或缺乏时，可采用相关法、侵蚀模数法、经验公式法进行估算。

人类活动改变了河流的自然状态，给河流的来水来沙带来变化。特别是规划河段上游水库工程的兴建和水土保持措施的实施，必然会给河流的来水来沙条件产生明显影响并带来较大变化。因此，泥沙补给分析也应该分析这类人类活动对规划河段泥沙来量变化和补给的影响。

3.2.4　采砂分区规划

采砂分区规划的目的是在保证河势稳定、防洪安全、通航安全、涉水工程安全以及满足生态与环境保护要求。综合分析研究提出禁采区和可采区的规划范围。划定科学合理的禁采区和可采区是采砂规划的最基本要求，但对于有采砂需求和监管要求又存在不确定性因素的，为留有余地，可以考虑设置保留区。

河道采砂一般涉及对河势、防洪、生态与环境、涉水工程的影响，对于通航河流，还涉及对通航的影响。采砂分区规划中需要考虑的影响因素和控制条件较多。不同的河流，需要考虑的影响因素和控制条件不一样，在采砂分区规划时应全面考虑，区别对待，有所侧重。

3.2.4.1　禁采区规划

1. 禁采区规划原则

（1）禁采区划分要做到依法依规，不得与现行的法律、法规、规章以及行业规范相抵触。法律法规中明文禁止进行取土、挖砂、采石等活动的河段或区域应划分为禁采区。

（2）禁采区划分要服从河势控制、防洪安全、通航安全、供水安全、水生态环境保护、涉水工程设施正常运行的要求，不得对公共安全造成损害。

（3）在重要敏感河段或区域，可根据河道采砂管理的需要划分为禁采区。如对于坝下严重冲刷河段、分汊河段分流口门区、重要的河势控制节点区可划分为禁采区。

2. 禁采规划方案

禁采区域划定除应符合国家和有关部门的禁采规定外，还应充分研究采砂有较大不利影响的河段或区域。下列河段或区域应划定为禁采区：

（1）对维护河势稳定起重要作用的河段和区域，包括控制河势的重要节点、重要弯道段凹岸、汊道分流区，需控制其发展的汊道等。

（2）对防洪安全有较大不利影响的河段和区域，包括防洪堤临水侧边滩较窄或无边滩处、深泓靠岸段、重要险工段附近、河道整治工程附近区域以及其他对防洪安全有较大不利影响的区域。

（3）涉水工程的安全保护范围。

（4）对航道稳定和通航安全有较大不利影响的河段和区域。

（5）国家和省级政府划定的各类自然保护区以及珍稀动物栖息地和繁殖场所，主要经济鱼类的产卵场、重要国家级水产原种场，饮用水源保护区。有特殊需要，经过采砂专项论证并经有关部门批准的除外。

表 3.4 河道禁采河段位置分布表

编号	禁采河段名称	行政区划	起点桩号	止点桩号	禁采缘由	禁采区长度 /km	禁采区面积 /万 m²
1							
2							
3							
4							

对河道禁采区，需要对河道编制统一桩号，按禁采区划分原则及以上控制条件划分禁采区，填写表 3.4。对湖泊等大面积水域，提出禁采水域控制性坐标，填写表 3.5。表 3.4 和表 3.5 体现了两个方面的禁采要求。一方面是国家和有关部门已经明文规定应当禁采的河段或区域；另一方面是采砂对河势稳定、防洪和通航安全、涉水工程的正常运行和生态与环境有较大影响的河段或区域。因此，禁采区划定的目的是确保公共安全，避免采砂产生较大的不利影响。

表 3.5 河道禁采区位置分布表

编号	禁采区名称	编号	禁采区控制性坐标		禁采区面积（长×宽）（m×m）与禁采区缘由
			X	Y	
1		A			
		B			
		C			
		D			
2		A			
		B			
		C			
		D			

在禁采区划定时，要十分重视涉及各种影响因素的相关规定和资料的调查和收集，做到有据可依，保证禁采区划定的依法、科学、合理。

3.2.4.2 可采区规划

1. 可采区规划原则

（1）砂石开采应服从河势稳定、防洪安全、通航安全、水环境与水生态保护的要求，不能给河势、防洪、通航、水环境与水生态等带来较大的不利影响。砂石开采不能影响沿河涉水工程和设施的安全和正常运用。河道两岸往往分布有众多的国民经济各部门的生产、生活设施和交通、通信设施，砂石开采不应该影响这些设施的安全和正常运用。

（2）砂石开采要符合砂石资源可持续开发利用的要求。砂石的开采应避免进行掠夺性和破坏性的开采，避免危及河势、防洪与通航安全，做到砂石资源的可持续利用。

（3）砂石开采应尽量结合河道、航道整治工程，实现互利双赢。可采区规划应尽量考虑河道、航道整治工程的疏浚要求，将可采区布置在疏浚区内，做到采砂与河道、航道整治工程疏浚相结合。

（4）砂石开采应充分考虑各河段的特点，控制年度开采量及年度船只数量。

2. 可采区规划方案

可采区规划应综合考虑河势、防洪、通航、生态与环境和涉水工程正常运行以及采砂的运输条件等因素，在河道演变与泥沙补给分析的基础上进行。对河势稳定、防洪安全、通航安全、生态与环境和涉水工程正常运行等基本无不利影响或不利影响较小的区域可规划为可采区。对于已有采砂规划的河流，若划定的可采区符合新增规划的相关限制性条件，应尽量将原有规划采区纳入新增规划。有些河段虽未进行采砂规划，但已形成某些固定的开采点，在可采区划分时应尊重历史形成和采砂点现状分布，在条件允许和满足各方面保护性要求前提下，优先将这些区域划定为可采区，从而变无序开采为有序开采。

可采区规划应包括规划河段控制采砂总量，各可采区规划范围和年度控制实施范围、采砂控制高程、年度控制采砂量、可采期和禁采期、采砂机具类型和数量、采砂作业方式，以及弃料的处理方式等。规划河段年度控制采砂量应综合考虑泥沙补给、砂石储量等因素确定。可采区范围的规划布置及其平面控制点坐标的确定，应采用最新的河道地形图。规划的可采区边线应充分考虑与涉水工程的最小控制安全距离。可采区年度控制实施范围的大小，应结合可采区所处规划河段的具体情况分析确定。

可采区采砂控制高程应在河道演变、泥沙补给以及采砂影响分析的基础上确定。各可采区年度控制采砂量应考虑年度控制实施的可采区范围大小、采砂控制高程以及泥沙补给条件综合分析确定。可采区的禁采期应在分析不同时期采砂的相关影响的基础上确定，主要考虑以下因素：主汛期以及水位超过防洪警戒水位的时段；珍稀水生动物和重要鱼类资源保护要求的时段以及对水环境有较大影响的时段。

规划河段年度控制采砂量是可采区规划的一项重要的控制指标。不同的河流，确定规划河段年度控制采砂量的要求不同。有的要求采补平衡，有的不一定要求采补平衡。具体确定时可根据规划河流或河段的具体情况灵活掌握。

可采区规划时，需要处理好可采区规划范围与可采区年度实施范围的关系。为使规划可采区在年度实施过程中具有较好的可操作性，可采区规划范围在条件允许的情况下，可以适当划大一些，但应给出平面控制点坐标，划定具体范围。在划定可采区范围的边线时，应充分考虑从可采区边线到涉水工程的最小控制安全距离。因为涉水工程本身的工程保护范围是在河床没有被破坏的情况下确定的，规划成可采区，采砂后河床发生了新的变化，原来确定的工程保护范围不足以保护涉水工程的安全。

对河道可采区，需要对河道编制统一桩号，并根据相关法律法规提出填写表3.6。对湖泊等大面积水域，利用地形图给出平面控制点坐标。填写表3.7。表3.6和表3.7是总结和吸收我国近年来采砂规划和管理经验的基础上制定的，其目的主要体现在两个方面，一是贯彻采砂总量控制的思想，实行采砂总量控制是为了避免违背河道的自然规律而出现超量采砂现象，科学合理地控制采砂规模；二是保证可采区规划方案的完整性。

表 3.6　　　　　　　　　河道可采河段分布及开采控制条件表

编号	采区名称	行政区划	起点桩号	止点桩号	可采区范围（长×宽）/（m×m）	年度控制开采范围（长×宽）/（m×m）	可采储量/万 t	年度控制开采量/万 t	控制开采高程/m	开采方式	采砂船控制数量/艘	禁采水域
1												
2												
3												
4												

表 3.7　　　　　　　　　　河道可采区位置分布表

编号	可采区名称	编号	可采区控制性坐标		可采区范围（长×宽）/（m×m）
			X	Y	
1		A			
		B			
		C			
		D			
2		A			
		B			
		C			
		D			

3. 可采区控制指标

可采区的控制性指标包括采砂控制高程（或深度）、控制采砂量、可采期和禁采期、采砂作业方式、采砂机具功率和数量，以及弃料的处理方式等。根据河流类型和采砂管理要求不同，各控制性指标的确定方法有所不同。

可采区控制开采高程（或深度）为可采区内允许的最低开采高程（或最大开采深度）。确定可采区控制开采高程对避免超深超量开采意义重大，当可采区内某一区域河床高程低于可采区控制开采高程时，该区域不得作为年度实施范围进行许可开采。可采区的年度控制开采范围应在可采区的控制范围内，可采区的年度控制开采范围长度与宽度初步可按可采区长度的33%，宽度不变进行确定。

采砂作业条件确定的原则：①为防止采砂船功率过大可能出现的超深、超量开采及其可能对河岸稳定、堤防安全造成的影响，应对采砂船最大开采功率予以限制；②采砂作业应兼顾效率与安全，防止采砂作业对河势、防洪、通航等产生较大不利影响；③采砂作业应综合考虑地形、水深、砂石开采难易程度、不同开采方式适应范围等因素，选择适宜的采砂船功率、数量和采砂作业方式。

为保障防洪、航运安全，同时为减少采砂机具对水体的污染和对水生态环境的影响，规划应对作业方式、采砂机具的功率及数量进行控制。

3.2.4.3　保留区规划

保留区规划的范围可根据规划河段的具体情况及采砂需求和监管要求分析确定。保留区的年度控制采砂总量应考虑河道演变和泥沙补给情况合理确定，并分河段提出年度控制采砂量。

对保留区范围的确定只作原则规定。具体确定时，可灵活掌握。如对于河势变化不大的河段，可考虑将禁采区和可采区之外的区域规划为保留区；对于河势变化较大的河段，可考虑具体划定保留区的范围，给出平面控制点坐标。保留区是因有采砂需求、采砂又具有不确定性而设置的，其目的是为在规划期内进行必要的采砂留有余地。但保留区的使用应慎重研究，并进行充分论证。

为了避免规划期内保留区的大量使用给河势、防洪等方面带来较大不利影响，处理好需要与可能的关系，因此提出了年度控制采砂总量和分河段年度控制采砂量的确定要求，做到宏观控制。考虑到河道采砂的属地管理原则，在分河段年度控制采砂量的确定时还应注意考虑行政区划的因素，以利于实施监管。

保留区是可采区的替补开采区，其启用条件相对于可采区应更为严格。在规划期内，保留区的启用应当慎重研究，因沿河经济社会发展的需要，经综合论证无替代方案而确需研究的，方可启用保留区，对确需启用保留区的，必须在阐明采砂必要性的基础上，按照采砂可行性论证的有关要求进行充分的专项论证，并按照"一事一议"的审批许可要求实施开采。

总而言之，保留区的划分应尽量体现灵活的特点。这包括两方面的含义：一是划分要求较灵活。保留区主要是为了满足采砂需求的不确定性和增强采砂管理的适应性而设置的，不是采砂规划必须明确的内容。对砂料需求量大（如吹填造地）、开采时间具有偶然性（如基础建设）采砂监管难度较大的河段，可以划定保留区；相反，对采砂管理相对简单、砂料需求相对稳定单一的河段，可以不划保留区。二是划分方式较灵活。保留区划分不受地形、河势条件限制，在河势条件不稳定的区域可以划，在河势条件较好，但只要有采砂监管上的需要区域也可以划。

3.2.5 采砂影响分析

采砂影响分析应包括采砂活动对河势稳定、防洪安全、通航安全、生态与环境和涉水工程正常运行等方面的影响，分析采砂规划与江河流域综合规划和区域综合规划以及相关专业规划的关系，提出结论性意见及减免不利影响的对策措施。

1. 对河势稳定的影响分析

采砂对河势稳定的影响分析，应结合河道演变分析成果，分析在不同边界条件和采砂方式情况下采砂对河势稳定的影响。考虑到不同的河流，具有不同的河道特性和基础资料条件，可根据具体情况，合理确定宜采用的分析方法。有些可采区设置可能结合平顺河势的要求，考虑了改善河势的因素，因此，既要分析采砂对河势稳定的不利影响，也要分析采砂对河势稳定的有利影响。

2. 对防洪安全的影响分析

采砂对防洪安全的影响分析，应在调查防洪工程和重要险工险段现状的基础上，分析采砂对防洪水位、防洪工程安全、重要险工险段等的影响。根据水利部《河道管理范围内建设项目防洪评价报告编制导则》（办建管〔2004〕109 号）的有关要求进行编制。主要内容包括水文分析计算、防洪影响、河势影响分析、对河道泄洪影响分析、对涉水工程正常运用的影响分析等，并提出相应防治与补救措施，重要防洪河段可结合数学模型计算或河工模型试验进行综合分析和论证。

3. 对通航安全的影响分析

采砂对通航安全的影响分析，应在调查通航现状的基础上，分析采砂对航道和通航安全的影响。根据《中华人民共和国航道法》《中华人民共和国航标条例》《中华人民共和国内河交通安全管理条例》《中华人民共和国水上水下活动通航安全管理规定》等有关法律条例和规定进行编制，通过分析河段形态特征、来水来沙特征，采砂活动对河床形态的影响、对航道的影响以及对通航环境的影响，理顺采砂与通航的矛盾，在保护航道和水上运输安全和不恶化现有通航条件的情况下，规范有序采砂，分段设置采挖范围，通过对采砂作业提出施工技术要求、设置助航标志、航道航标管理措施、采砂作业水域的安全生产管理以及应急预案等方面合理有序的开采砂石资源。

4. 涉水工程正常运用的影响分析

采砂对涉水工程正常运行的影响分析，应在调查采砂活动影响到的河段各类涉水工程分布情况及正常运行要求的基础上，分析采砂对涉水工程运行的影响。对涉水工程分布状况和运行条件应进行全面的调查，为分析采砂活动对涉水工程正常运行的影响提供基础。采砂活动对涉水工程的影响主要有两个方面需要分析研究，首先是对涉水工程运行安全的影响，可采区设置是否充分考虑了各类涉水工程保护范围的要求，应留有一定的安全距离；其次是对涉水工程运行条件的影响，采砂活动是否会引起局部河势变化，从而改变涉水工程运行条件，给涉水工程的正常运行带来不利影响。

3.2.6 规划实施与管理

一个科学、合理的采砂规划如果没有切实可行的实施办法和严格的管理措施，再好的规划也难以发挥其应有的指导作用。河道采砂规划涉及面广，且与经济利益密切相关。因此，必须要有切实可行的实施办法和严格的管理措施。

编制河道采砂规划应在对采砂监管现状进行调查并分析采砂监管存在的主要问题的基础上，明确采砂监管机构，提出完善采砂管理的措施、采砂管理经费需求以及筹措意见。

1. 规划实施要求

县（市、区）水行政主管部门在采砂规划经当地政府批复的前提下，按照程序编制采砂权出让方案报市、州水行政主管部门批准实施，各地实际审批的年度采砂量不得超过省级水行政主管部门制定的年度采量计划。县（市、区）水行政主管部门应公开、公平、公正地组织砂石资源有偿出让，出让公告应根据政府信息公开规定，在指定网站予以发布。规范河道采砂许可，可以实行"统一发证、统一收费、依规使用"，执行采砂许可证一船一证制度，严格砂石资源收入使用管理，将砂石资源有偿使用收入主要用于河湖管理。

2. 管理机构与体制

为有效加强河道采砂的统一管理，保证河道防洪、供水、航运和水生态安全，保障各部门有效地履行职责，分工协作，形成职能互补，齐抓共管的执法和管理合力，建议河道采砂实行人民政府行政首长负责制，建立"政府主导、水利主管、部门配合"的管理体制。水利部门负责河道采砂的日常管理和监督检查工作，负责组织编制采砂规划，负责发放采砂许可证；交通运输行政主管部门负责采砂船只、砂石运输船只管理及其水上交通安全的监督管理工作，协助各级水利部门对涉及航道范围内的采砂活动的管理；国土行政管理部门协同水行政主管部门编制河道采砂规划，负责砂场及砂石码头土地使用及监督管理工作；公安部门负责采砂治安管理工作，严厉依法打击河道采砂活动中的违法犯罪行为。

加强采砂监管是采砂规划实施的重要保障。我国许多河流的采砂监管工作处于起步阶段，监管的手段和能力都还十分薄弱。因此，在规划中明确采砂管理机构，研究完善采砂监管的措施，结合采砂监管的需要提出采砂管理和执法装备的配备要求以及采砂管理经费需求和筹措意见是十分必要的，应认真对待。河道采砂将改变河床的自然形态，同时河势变化具有较强的动态性。

对可采区及采砂影响河段，应根据不同河流的特点，提出采砂动态监测管理措施。为了及时掌握采砂对河床河势的影响，避免其对河道产生较大的不利影响，维护河势稳定，保障公共安全，需要对采砂动态监测管理措施做出原则性的规定。采砂动态监测管理措施的内容，可根据不同河流的特点和采砂管理的要求，具体拟定。

3.3　采砂规划审批

河道采砂规划由县级及以上地方水行政主管部门组织编制，经上一级水行政主管部门审查同意，由本级人民政府审批。省级水行政主管部门编制的河道采砂规划，批准前需征得有关流域管理机构同意。水利部流域管理机构主持编制的流域内重要江河湖泊河道采砂规划，由水利部或其授权的单位审批。

水行政主管部门要依法对河道采砂规划进行审批，水行政主管部门宜依据《中华人民共和国行政许可法》《中华人民共和国水法》《中华人民共和国防洪法》及《河道管理条例》等法律法规，制定适合自己实际情况的审批程序与管理办法，组织专业人员实施。

《中华人民共和国水法》第三十九条第二款规定：在河道管理范围内采砂，影响河势稳定或者危及堤防安全的，有关县级以上人民政府水行政主管部门应当划定禁采区和规定禁采期，并予以公告。

《中华人民共和国河道管理条例》第二十五条第一项规定：在河道管理范围内进行下列活动，必须报经河道主管机关批准；涉及其他部门的，由河道主管机关会同有关部门批准：采砂、取土淘金、弃置砂石或淤泥。

县级以上人民政府水行政主管部门应依法划定禁采区和规定禁采期，

并予以公告。一般地，河道采砂规划流程如图 3.1 河道采砂规划审批流程图所示。

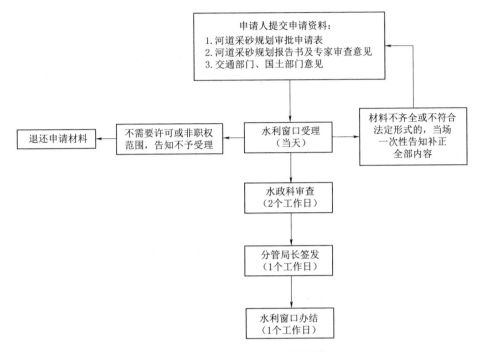

图 3.1　河道采砂规划审批流程图

3.4　采砂许可证审批

采砂许可证批准的条件：取得采砂权；符合有关法律、法规、规章和规范性文件规定；采砂方案符合流域规划和相关专业规划；有采砂可行性论证方案，且通过有许可审批权限的水行政主管部门组织的审查；采砂方案不影响河势稳定、防洪和通航安全、水生态环境保护以及涉水工程的正常运用；不妨碍防汛抢险；有符合规定的采砂作业方式、技术人员及工具；采砂单位有营业执照，采砂船舶、船员证书齐全；不予以批准的条件：经审查不符合上述审批条件的，作出不予审批的书面决定或整改通知。

1. 申请材料
河道采砂许可审批事项申请材料目录见表 3.8。

表 3.8 河道采砂许可审批事项申请材料目录

序号	材料名称	材料形式	份数	其 他 要 求
1	采砂权出让书	原件	1 份	
2	行政许可申请书	原件	1 份	
3	《河道采砂可行性论证方案》	原件	1 份	（1）申请人需填写《行政许可申请书》。 （2）所有材料在申请时提交。 （3）所有申请材料需加盖公章。 （4）复印件应选用 A4 纸张。 （5）提交的所有复印件材料，需要验原件
4	使用采砂船采砂的，应提供吸砂船照片、船舶检验证书及船员证书	原件	1 份	
5	申请人（或单位）的法定身份复印件证明（单位的需提供：法人身份证明、组织机构代码证或营业执照；个人的需提供：身份证明）	复印件	1 份	

2. 许可办理

采砂许可事项的办理流程一般包括申请人申请、受理、专家踏勘及技术评审、审查、决定、批复送达、决定公开、许可服务等环节。

（1）申请。申请阶段一般包括申请接收、审核、登记、申请编号、收件凭证送达以及为申请人提供的帮助等环节。申请接收方式为接收纸质申请及材料。接收申请的实施机关为某地方水务局。

申请材料审核：申请材料审核包括申请人员资料审核和申请材料审核、当遇到申请人委托他人提交申请材料的情况时，受理人应要求委托人提交申请人的委托授权书，受理人应留存申请人、申请委托人的姓名，电话。

材料审核：受理人在核对申请人的委托授权书后，应对申请材料进行审核，在核对无误后，方可进入下一流程。

登记：受理人在对申请人委托授权书、申请材料核对后，符合要求的，受理人对其申请事项进行登记，填写《行政审批事项受理情况登记表》。登记信息包括行政许可事项名称、申请时间、申请单位名称、联系人及联系电话、申请材料名称及份数等内容。

申请编号及收件凭证送达：受理人在审核申请人材料符合要求后，为申请人开具《行政许可申请材料接收凭证》（附申请材料清单），作为材料接收的依据，收件凭证内容包括接收到的申请材料名称、收件时间、申请进度查询方式、办理期限等内容，申请人签字作为收件送达的凭证。

（2）受理。受理阶段一般包括受理审核、补正材料、受理决定、审查方式确定和收件转办等环节，如图3.2河道采砂许可审批流程图所示。

受理审核：受理人对申请人的纸质申请材料的准确性和完整性进行现场审核。申请被受理的，向申请人出具《行政许可申请受理通知书》；申请不被受理的，向申请人出具《行政许可不予受理决定书》；提交申请材料不齐全或者不符合法定形式的，向申请人出具《行政许可申请材料补正告知书》。

补正材料：受理人经现场审核，发现申请材料不符合申请材料目录的准确性和完整性要求时，经办人应发出《补正材料通知书》，一次性告知申请单位需要补正的全部内容，由申请人签字确认，并要求申请人在5个工作日内补正材料。申请人逾期不补正的，作退件处理。

受理决定：经审查，申请材料符合申请材料目录的，予以受理。窗口接收应在受理之日由经办人出具《行政许可受理通知书》，各一式二份，一份给申请人，另一份留底。经审查，申请河道采砂许可不在受理范围的，不予受理。窗口接收应在受理之日由经办人出具《行政许可不予受理通知书》，提交申请但申请材料不齐全或者不符合法定形式的，申请人可获得实施机关出具的补正材料通知书。各一式二份，一份给申请人，另一份留底。受理决定送达方式为窗口直接领取，并要求申请人签字确认。

（3）审查。审查方式一般是书面审查、实地核查、专家评审、技术审查。

（4）决定。经书面审查并完成实地核查、专家评审，由审查人签署意见，由水行政主管部门做出是否准予行政许可决定。经复核，符合规定条件的，同意许可；经复核，不符合规定条件的，不同意许可，或者由申请人提出退件申请，经地方水行政主管部门同意后，终止审批程序。

（5）期限。对于采砂许可期限需要参照有关各级地方人民政府水行政主管部门审查、批准采砂许可的期限与颁发河道采砂许可证的期限。

其过程如图3.2河道采砂许可审批流程图所示。

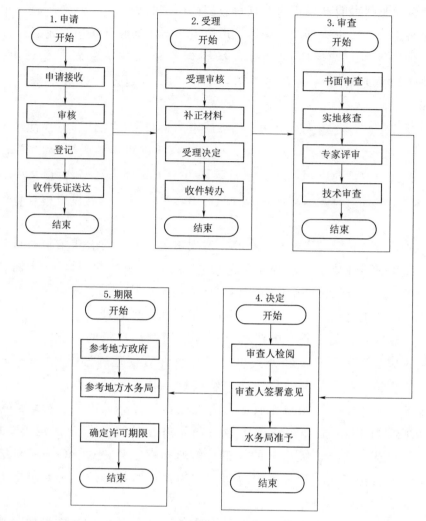

图 3.2 河道采砂许可审批流程图

3.5 本章小结

本章着重描述了采砂规划的相关内容，另外还介绍了在采砂规划后的审批过程。河道采砂规划是确保河道防洪安全、河势稳定的需要，是保证依法、科学有序采砂的重要手段。河道采砂规划是进行河道内采砂活动的最初技术阶段，应满足采砂规划阶段的各项要求。另外，河道采砂实行采砂许可制度，须办理河道采砂许可证后方可开采。在采砂许可证审批过程中严格按照制定的审批程序，遵循公开、公平、公正、高效的原则，由具有采砂许可审批权的相应水行政主管部门负责审批，可以实行分级审查，统一审批制，从受理申请到预审查汇总、审查与决定、现场审批、发许可证等环节进行规范审批。

第 4 章

开 采 与 仓 储

前面章节中我们已经详尽地介绍了关于河砂储量勘测、规划等方面的工作和相关内容，使得读者对河砂储量勘测、规划、审批等环节有了清楚的认知。河道采砂在审批环节完成后，下一步的工作就是河砂的开采与仓储。

河砂的开采与仓储大概可以分为以下几个方面：砂的分类、砂的检验监管、河砂的开采细则和河砂仓储管理。本章将为详细介绍河砂的开采与仓储细节，重点阐述了在河砂的开采和仓储环节中实现了采用信息化手段对砂石经营公司的生产行为进行全方位的监管。

4.1　砂的分类

什么是粗砂？什么是中砂？什么是细砂？多大颗粒直径的砂石又算是碎石呢？也许读者对这个概念还是比较模糊。实际上，在不同的河道砂石具体应用领域，砂石的粒度范围规定也不完全一样。但是，如果我们根据粒径的大小划分，可以分成粗细两种类型，不同用途的河道砂石粒径的划分采用不同的划分尺寸。

如果按照砂的产源划分，那么又可以分为河砂、湖砂、海砂和山砂。按石料的来源划分，可以分为天然砂、人工砂两类。

天然砂：指颗粒的直径在 4.75mm 以下的岩石，并且是在没有人为干扰作用下，经由风化、暗涌等一系列自然条件搬运移动，筛选，沉积的，但是这其中不包含风化岩石、软岩石。

人工砂是一种统称的名词，其中包括经过处理的机制砂和混合砂。机制砂是指通过机器设备粉碎、筛选制成的，颗粒直径小于 4.75mm 的岩石小碎块，但不包含风化岩石、软岩石。混合砂顾名思义是指一种混合制成的砂石料，其成分为机制砂与天然砂。

以上就是对砂的分类与规格的介绍。

4.2　河砂的品质监管

在河砂使用前需要对砂的品质进行检验，这是为了合理利用河砂资源，把优质的河砂用在建设标准高的项目上。所以本节介绍如何进行河砂检验，使得读者对河砂检验流程与河砂品质标准有所认知，以此达到对河砂的品质监管手段的了解。

对于砂的检验有出厂检验和型式检验两种。其中型式检验更加严格，有以下几种情况需要进行型式检验：原材料产源或生产工艺发生变化时；正常生产时，每年进行一次；长期停产后恢复生产时；出厂检验结果与型式检验有较大差异时。

以建筑用砂为例，试验结果均符合相应分类的标准规定时，可认为此产品合格。只要存在一项指标不达标的情况，都应该从同一批次的产品里再次取样，并对其检验。再次检验后，若试验结果符合标准规定，可判为该批产品合格，这是因为一次实验有误差存在，因而做多次检验。如果依旧不符合规章制度中的标准，那么就定为此批产品不合格。要注意，若第一次检验中存在两项及以上不达标的情况，这批产品直接被判定为不合格。其中，检测指标主要由以下几个方面组成：

（1）含泥量（material finer than $75\mu m$ in natural sand）：一种指标，目的是判断在天然砂石中，颗粒直径小于 $75\mu m$ 的成分的含量。

（2）石粉含量（material finer than $75\mu m$ in manufactured sand）：一种指标，目的是判断在人工砂石中，颗粒直径小于 $75\mu m$ 的成分的含量。

（3）泥块含量（clay lump）：一种指标，用于判断砂石中泥块的含量，此泥块是指一种颗粒，其直径在未处理时小于 1.18mm，在过水与用手捏碎后的直径小于 $600\mu m$。

（4）细度模数（fineness module）：一种指标，用于衡量砂石料粗细程度。

（5）坚固性（soundness）：指砂石材料在外力作用下不被破坏的能力。

（6）轻物质（material lighter than 2000kg/m³）：本身密度小于 2000kg/m³ 的物质。

（7）碱集料反应（alkali‐aggregate reaction）：一种化学反应，此反应在水泥等混凝土成分在湿润环境下与外界的碱成分会缓慢发生，反应结果是会使其反应物变得膨胀。

（8）亚甲蓝 MB 值（methylene blue value）：一种指标，可以判断掺杂在人工砂中，颗粒直径小于 $75\mu m$ 的物质是石粉还是泥土。

下面详细介绍不同种类砂的不同达标准则。

4.2.1　含泥量、石粉含量和泥块含量

天然砂的含泥量和泥块含量应符合表 4.1 的规定。

表 4.1　　　　　　　　　天然砂含泥量和泥块含量

项　　目	混凝土强度等级		
	≥C60	C55～C30	≤C25
含泥量（按质量计）/%	<1.0	<3.0	<5.0
泥块含量（按质量计）/%	0	<1.0	<2.0

特殊的，如果对 C25（小于或者等于此规格的）混凝土有抗冻、抗渗等特别需求时，那么砂石料中的泥块含量不能大于 1/100。

人工砂的石粉含量和泥块含量应符合表 4.2 的规定。

表 4.2　　　　　　　　　人工砂的石粉含量和泥块含量

	项　　目		混凝土强度等级		
			≥C60	C55～C30	≤C25
1	亚甲蓝试验	MB 值<1.40 或合格	石粉泥量（按质量计）/%	<3.0	<5.0	<7.0
2			泥块含量（按质量计）/%	0	<1.0	<2.0
3		MB 值≥1.40 或不合格	石粉泥量（按质量计）/%	<1.0	<3.0	<5.0
4			泥块含量（按质量计）/%	0	<1.0	<2.0

4.2.2 砂的坚固性

判断砂石料的坚固性时，检验样品要使用 Na_2SO_4 溶液（硫酸钠溶液）去检验，其过程重复五次，并且质量损失应符合表4.3的规定。

表4.3　　　　　　　　　　天然砂的坚固性指标

混凝土所处的环境条件及其性能要求	5次循环后的质量损失/%
在严寒及寒冷地区室外使用并经常处于潮湿或干湿交替状态下的混凝土； 对于有抗疲劳、耐磨、抗冲击要求的混凝土； 有腐蚀介质作用或经常处于水位变化区的地下结构混凝土	≤8
其他条件下使用的混凝土	≤10

判断坚固性是人工砂所特有的步骤，其判断方法为压碎指标法，压碎指标值应小于表4.4的规定。

表4.4　　　　　　　　　　人工砂的压碎指标

项　　目	指　　标		
	≥C60	C55～C30	≤C25
单级最大压碎指标/%	20	25	30

4.2.3 砂石品质检测步骤

1. 取样方法

（1）砂石料堆取样：均匀的在砂石料堆上取样，包括取样位置，样品大小等。抽取样品前还需要将砂石料堆表面的一层砂石铲掉，从内部取样，以防止空气中的化学元素与其反应过多。然后在整个沙石料堆一周的八个不同位置抽取等份的八份，保存为一组样品。

（2）皮带运输机取样：不得在运输皮带上截取样品，只能从运输机尾端的出料处使用接料器接收。然后定时地抽取等分量的砂石料四份，保存为一组样品。单个项目指标试验的最低取样数量见表4.5；如果做多个项目指标试验，原则上应取多个样本，但倘若能保证经前一项试验后的样本不影响后一项试验的结果的情况下，可以不做样本的替换，只使用这一份样本。

表 4.5　　　　　　　　　单 项 试 验 取 样 数 量　　　　　　　　　%

序　号	试　验　项　目		最少取样数量
1	颗粒级配		4.4
2	含泥量		4.4
3	石粉含量		6.0
4	泥块含量		20.0
5	云母含量		0.6
6	轻物质含量		3.2
7	有机物含量		2.0
8	硫化物与硫酸盐含量		0.6
9	氯化物含量		4.4
10	坚固性	天然砂	8.0
		人工砂	20.0
11	表观密度		2.6
12	堆积密度与空隙率		5.0
13	碱集料反应		20.0

2. 试样处理

在试验之前要对样本进行处理，处理方法有两种。一是分料器法。先将样品置于湿润条件下搅拌，使其成分均匀。然后倒入分料器，选择接料斗中的其中一个，再倒入分料器。反复操作此行为，直到样品符合试验所需要的分量结束。二是人工四分法。将取到的样本放到一个平板上，并在湿润的条件下搅拌，使其成分均匀。然后将样本摊成一个 2cm 厚的圆饼，划分垂直的横竖两道直线，以分为相等的四份，接着取对角的两份重新搅拌，再次均匀。反复操作此行为，直到样品符合试验所需要的分量结束。

3. 试验环境和试验用筛

见表 4.6。

表 4.6 试验环境和试验用筛标准

试 验 环 境	试验室的温度应保持在 15～30℃
试 验 用 筛	满足 GB/T 6003.1 和 GB/T 6003.2 中方孔试验筛的规定，筛孔大于 4.00mm 的试验筛采用穿孔板试验筛

4. 试验仪器设备

（1）鼓风烘箱：能使温度控制在（105±5）℃。

（2）天平：称量 1000g，精量 1g。

（3）方孔筛：孔径为 150μm、300μm、600μm、1.18mm、2.36mm、4.75mm 及 9.50mm 的筛子各一只，并附有筛底和筛盖。

（4）摇筛机。

（5）搪瓷盘，毛刷等。

5. 试验步骤

（1）按照相关要求抽取样品，并把样品缩分至 1100g 左右，然后放置于烘箱中烘干，设置温度为（105±5）℃，直至恒量。等到样品冷却到室温后，用筛子筛掉大于 9.5mm 的颗粒，最后分成相等的两份。其中，恒量是指样品在烘干过程中，1～3h 内，质量差小于该试验的计量精度的质量指标。

（2）称取样品 500g，精度需要精确到 1g，然后将样品倒入套筛中筛分。其中，套筛带有筛底。

（3）将套筛置于摇筛机上，晃动 10min。然后取下套筛，依照筛孔大小顺序再逐个用手筛，筛至每分钟通过量小于样品总量的 0.1% 为止。通过上一个筛子的样品，需要与下一个筛子的样品一起过筛，直到各号筛全部筛完为止。

（4）称出各号筛的筛余量，精确至 1g，试样在各号筛上的筛余量不得超过按式（4.1）计算出的量，超过时应按下列方法处理：

$$G = \frac{Ad^{1/2}}{200} \tag{4.1}$$

式中：G 为在一个筛上的筛余量，单位 g；A 为筛面面积，单位 mm^2；d 为筛孔尺寸，mm。

6. 结果计算与评定

（1）计算筛余百分率。在计算筛余百分率时，要计算两种筛余百分率。一是各号筛的筛余百分率，二是累计起来的筛余百分率。在前者中，用各个尺寸的筛子的筛余量与样品总量作比值，计算精确至 0.1%。后者中，使用该号筛的筛余百分率加上该号筛以上各筛余百分率之和，精确至 0.1%。如果在筛分后每号筛的筛余量与筛底的剩余量之和同原样品质量之差超过 1/100，那么需要重新进行试验。

（2）砂的细度模数按式（4.2）计算，精确至 0.01

$$M_x = \frac{(A_2 + A_3 + A_4 + A_5 + A_6) - 5A_1}{100 - A_1} \tag{4.2}$$

式中：M_x 为细度模数；A_1，A_2，A_3，A_4，A_5，A_6，分别为 4.75mm、2.36mm、1.18mm、600μm、300μm、150μm 筛的累计筛余百分率。

4.3 河砂的开采原则

目前来讲，砂石原料大部分是来自于河道开采，河砂是建筑用砂的主要来源，具有很高的经济效益。另外，河砂还有储蓄水资源、过滤污染物的作用，它可以保护水生态，保持河道的生态平衡。所以，我们将河砂看为一种非常宝贵的矿产资源，也将其视为环境资源。我国对河砂的开采有着严格的把控要求，并且规定了河砂开采的相关制度。开采河砂必须申请采砂许可证，未获得许可证的组织或个人不得进行开采活动，若未经政府部门批准擅自开采会受到严厉的刑事处罚。并且，在开采河砂时应当在要求的开采范围内合理开采，不得滥采。

4.3.1 采砂的基本原则

在采砂的过程中，需要对开采有着强烈的红线原则[2]。坚持生态优先、有序开采。严守生态保护红线，强化规划约束，严格许可管理，实行总量控制，处理好河道管理保护与砂石资源开发利用的关系，促进河流休养生息，维护河流健康生命；坚持问题导向、标本兼治。立足实际，统筹兼顾，既要解决当前存在的矛盾和问题，又要着眼于建立长效机制，创新管理模式，科学治理，着力从根本上解决河道采砂的突出问题。全面落实河长制、湖长制，实行党政同责，明确各级河（湖）长职责，建立健全河道采砂管理责任体系；坚持行业主导、部门联动。强化水行政主管部门统一监管，相关部门配合联动，营造共同参与、共同保护河流生态的良好氛围。

从事河道采砂活动应当遵守下列规定[3]：按照河道采砂许可证的规定采砂；不得在禁采区、禁采期采砂作业；不得改变河势、损坏涉水工程、破坏水生态环境；不得改变和损坏水文和防汛测报设施、破坏航道通航条件；在通航河道进行采砂作业应当服从通航要求并设立明显标志；及时清运砂石、平整弃料堆体或者回填采砂坑槽；法律法规有关河道采砂的其他规定。

开采砂石的单位和个人，要填写《开采砂石申请表》，持下列证件，向市或县（市）江河道堤防管理部门提出申请，经审查批准后，领取准采证件[4]。个人开采的，凭街道办事处或乡、镇政府的证明；单位开采的，凭主管部门的批件；在航道和铁路、公路、林业、市政公用等江河道用地范围内开采的，凭航运、铁路、交通、林业、市政公用等部门的批件。

按照《中华人民共和国水法》第三十九条规定，国家实行河道采砂许可制度。办理采砂许可证的首要条件是开采范围合乎批准的河道采砂规划。申报材料如下所示：提交公开招、拍、挂竞争取得成交确认书及相关资料一份；河道采砂申请表、书两份；年度采砂规划设计报告；按规定提交采砂履约保证金。

4.3.2　河道采砂的主要设备

1. 河砂开采系统

河砂开采系统主要由以下系统设备组成：

挖掘系统：由挖砂斗、水下大臂、上下四角轮等组成，其作用是采掘河道水里与河床上的砂石。

尾矿排弃系统：由胶带输送机、溜槽、电机、减速机等组成，其作用排弃砾石和尾矿。

供水及矿砂输送系统：由组合溜槽、管道、水泵及斗等组成。其作用是给整个系统供水，也用于运输矿砂。

卷扬系统：由大臂提升卷扬机、艄绳卷扬机、提锚卷扬机、横移卷扬机等组成，用于进船、调船、系船、船的横移及水下大臂的提升及升降等的作业。

73

龙门架：由槽钢、角铁、铁板、滑轮组等组成，用于双体船的连接固定、水下大臂的提升升降等的作业。

2. 抽砂船

抽砂船是一种新颖的、操作便捷的、效率高的抽砂工作设备。有时候，抽砂船也被称为一个工作平台。这种机器的工作流程是，使用高压水枪将河底的河砂冲出，再通过强大的水力动能将河砂经由管道运输到目的地。抽砂船一般用在以下几个方面：清理码头、抽取河砂、清理港口、疏通河道、填海造陆等。这种设备一般都是以一艘船为主体，并且附带有输送系统、排空系统等其他必要的附加设备。

抽砂船有以下几种：射吸式抽砂船、泵吸式抽砂船、小型泵抽吸砂船（搁边船）、普通抽砂船（自卸式）、钻探式抽砂船。其特点是小巧灵活，投资小见效快，广泛使用各种抽砂环境，产砂量由配套抽砂泵流量决定，最大可出沙 $500\mathrm{m}^3/\mathrm{s}$。抽砂深度深，可达水下 $20\sim30\mathrm{m}$。输送距离远，单泵输送最远可达 2km。其中，以绞吸式挖砂船最具有代表性。

3. 小型挖砂机械对河道开采的要求

河道的开口宽度，水深及其变化规律；河岸高度及边坡长度；河床及沉积物性质与土壤硬度；岸边树木及建筑物分布；电力、能源及后勤维修等条件的保证；河道繁忙程度，是否允许断航作业；挖砂机械施工季节及气候条件是否适宜等。

4.3.3　采砂作业及安全环保措施

1. 采砂作业流程图

采砂作业是一项繁琐的作业任务，它需要事无巨细的考虑采砂作业前的准备工作、采砂工作、废料的处理工作等。图 4.1 从宏观上描述了采砂作业的过程。

2. 采砂作业的安全环保措施

（1）安全措施。在采砂作业中，不可避免会存在各种工作中的安全隐患。对于在采砂过程中存在的安全隐患，需要制定这样的安全目标，杜绝死亡、重伤、避免轻伤；无重大设备事故。因此，在采砂作业中要有相应的安全措施，以免造成难以挽救的安全生产事故。大体上，安全措施有如

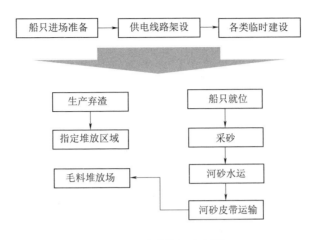

图 4.1　采砂作业流程图

下几条可以参考：①开采前发布航行公告，工地上设置明显施工标志；②开采前对开采可能影响到的过河电缆、电线、管道的位置标高等进行调查，如与开采发生矛盾，尽快报告相关部门，再协商解决办法；③开采期间，采砂船、运输船及辅助船舶设备，严格按内河施工有关规范设置悬挂各类避让标志；④施工船舶及配套船舶设备必要的救生设备和消防设备，以保证施工人员生命安全；⑤严禁酒后开采，防止坠水事故；⑥开采样标必须颜色鲜艳，防止过往船只碰撞。

　　（2）环保措施。《中华人民共和国环境保护法》第四十四条规定，造成土地、森林、草原、水、矿产、渔业、野生动植物等资源破坏的，依照有关法律的规定承担法律责任。在采砂作业过程中，需要严格遵守相应的法律条规，严谨作业，务必要在国家和地方政府对环境保护所颁布的法令之内进行开采。坚定开采环保的决心，坚持环保开采的原则，接受群众对不文明开采的监督，实现开采作业过程中的环保零投诉。

　　在处理垃圾的措施中，不同类别的垃圾需要有不同的处理方式，因为每个种类垃圾本身所拥有的属性不同，所以在处理垃圾时要使用相应的手段才可确保生态环境不被破坏。为使读者能够详尽的了解众多处理手段，以下介绍几种不同类别垃圾的处理措施。

　　①对于机舱垃圾处理的方面，机舱会产生大量存有油污的垃圾，含有

油渍的垃圾要集中装进专用的垃圾袋中，不得与其他垃圾混合放置，并且存放垃圾的垃圾桶要放在通风良好的阴凉处，还需要工作人员定时检查此处的情况，以防自燃情况的出现。像一些在机械运作过程中产生的废油和带有油渍的棉头，需要收集起来装到专用的存储箱里，等到抽砂船上岸时再交给专业处理此类垃圾的企业处理。

②对于油污垃圾处理的方面，处理在航行中出现的油污垃圾时，一般来讲，会使用焚烧炉将其就地焚烧，以免堆积过多引起火灾。但也可以单独存放入专门的容器中，需注意应远离火种，直到抵达港口时申请港口主管机关接收处理。还要注意的是，工作人员应对油污垃圾处理的时间、地点、手段等情况进行记录，将相应的行为及时记入《油类记录簿》中，以应对后期意外状况的发生。

③对于生活垃圾处理的方面，垃圾的存放应使用专用的可密封的垃圾袋及垃圾桶，生活垃圾、塑料垃圾应分别放置；塑料制品禁止投弃抛入水中；生活垃圾可在航行中用焚烧炉处理，对于无法自行处理的垃圾，抵港后船长应申请港口有关部门进行回收；产生的生活污水、厕所污水、厨房废水等禁止排入江河，必须全部运到岸上集中交由有资质的企业进行处理；垃圾处理情况应按规定填写《垃圾记录簿》，每记完一页船长应审核签字。

另外，禁止在港内水域未经主管部门批准擅自使用化学消油剂。还需禁止在敞开的甲板堆放油桶和可能引起污染的物品。

4.3.4 过度开采的危害

河砂过度淤积，势必抬高河床，于泄洪防洪不利，因此适度开采河砂是有益的。然而，河砂的开采须有计划、合理地进行，否则不利于河道发挥正常的功能；如果过度开采，尤其是在河岸或河堤附近大规模地开采河砂，势必造成河岸的坍塌，危及河堤安全。

地表水及浅层地下水是循环于地球表层即地壳的"血液"，河道既是储运"血液"的管道，又是净化"血液"的场所，因而保持优良的河道生态环境，对储运水流、净化水质是至关重要的，在当前河水大都遭遇污染的情况下更是如此。平时所说的河砂可以涵养水分，指的就是河砂既可以起过滤作用，又起到储存水资源的作用。

掠夺性的开采河砂，是加剧河流生态环境恶化的重要因素。实践证明，过度开采河砂，既减小了地表水补给地下水的径流距离（减小了水的过滤带厚度），也减少了地下水储存空间，从而减少了地下水的储藏量。其结果是：①河流影响范围内的地下水水位下降；②河流沿岸地下水遭受污染的可能性加大，污染加重。

4.3.5　开采监管手段

为了防止在开采过程中出现超量、超范围等非法开采事件，水利大数据分析与应用河南省工程实验室研发了智慧砂石监管系统。智慧砂石监管系统是以河长制研究为背景，对河道砂石监管现状进行深入调研与需求分析，针对河道砂石无序、超采、乱采和盗采等现状，为确保河道采砂行业管理秩序稳定、局势可控、有效遏制非法采砂行为，基于先进的监控技术和网络技术基础上研发了本系统。本系统包括以下功能：

（1）划定电子围栏规范开采区域，在采砂机械上安装 GPS 前端定位并在开采区域安装视频监控前端，实时监控采砂机械的作业运行轨迹，防止采砂作业超时段、超区域。

（2）指定原料运输路径，在原料运输车辆上安装 GPS 前端定位并在运输路径安装视频监控前端，实时监控原料运输车辆的作业运行轨迹。

（3）利用运输车辆预先安装的 GPS 定位系统和载重系统联合预警。系统预先设定采砂场至加工厂的运输时间，车辆发动 GPS 将实时定位并记录行车位置和轨迹，超过设定时间限制将触发报警系统，提示运输时间超时。运用载重系统实时监测运输车辆装载的重量并在系统中行程曲线轨迹，如果所载重量低于系统设置的值，将存在中途卸载风险，将触发报警系统报警。

（4）同时，在生产厂区、储砂仓库安装视频监控前端对其 24 小时监控。

系统以实时监控采砂机械作业行为轨迹为目的，通过划定电子围栏，实现给采砂机械设置可采砂区域。当监控目标超出规划区域时，系统进行实时报警，并提醒用户及时处理报警信息。

在系统中，对采砂船、铲车、推土机等开采机械进行了实时监控，首先如图 4.2 采砂船的监管信息所示，以采砂船为例，系统可以显示出所监控的采砂船的目前状态，位置信息，行驶速度，行驶状态等各项信息。通过这种技术手段，便可以在远程监控平台上实时掌握采砂船的各项信息，从而能够预防采砂机械超时、超量、超范围开采。

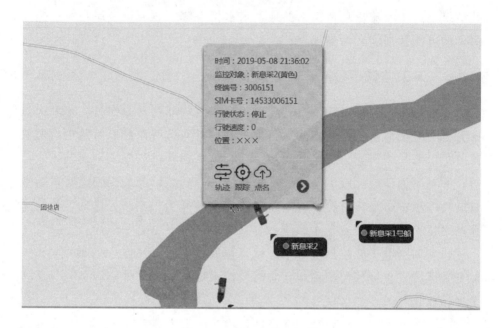

图 4.2　采砂船的监管信息

　　另外，在监控的过程中，系统会对采砂船的轨迹进行记录与监管，这些记录能够帮助管理人员了解采砂船的行为是否正常，进一步为智能监管砂石开采作业提供技术支持。如图 4.3 采砂船的轨道信息所示，可以通过本系统为管理人员提供一个可视化的轨迹行程，方便管理人员对采砂船进行直观的监管。

　　对于推土机的开采监管手段，基本与采砂船的监管手段类似。在系统中的推土机模块中，使用推土机造型以区分它与其他开采工具，不过同样的是，依旧会存在行驶速度、位置、行驶状态等信息。在推土机模块中添加有视频监控手段，这是为了让管理人员更加清晰地了解开采过程有无违规情况，或是有无意外发生。具体信息如图 4.4 推土机的信息所示。

　　系统总体拓扑图如图 4.5 所示。

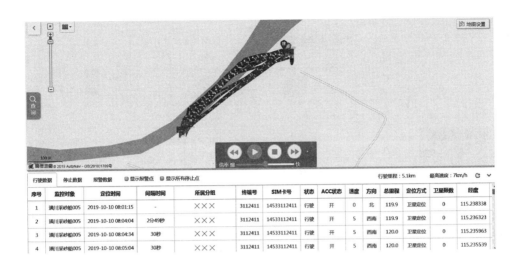

序号	监控对象	定位时间	间隔时间	所属分组	终端号	SIM卡号	状态	ACC状态	速度	方向	总里程	定位方式	卫星颗数	经度
1	潢川采砂船005	2019-10-10 08:01:15	-	×××	3112411	14533112411	行驶	开	0	北	119.9	卫星定位	0	115.238338
2	潢川采砂船005	2019-10-10 08:04:04	2分49秒	×××	3112411	14533112411	行驶	开	5	西南	119.9	卫星定位	0	115.236323
3	潢川采砂船005	2019-10-10 08:04:34	30秒	×××	3112411	14533112411	行驶	开	5	西南	120.0	卫星定位	0	115.235963
4	潢川采砂船005	2019-10-10 08:05:04	30秒	×××	3112411	14533112411	行驶	开	5	西南	120.0	卫星定位	0	115.235539

图 4.3　采砂船的轨道信息

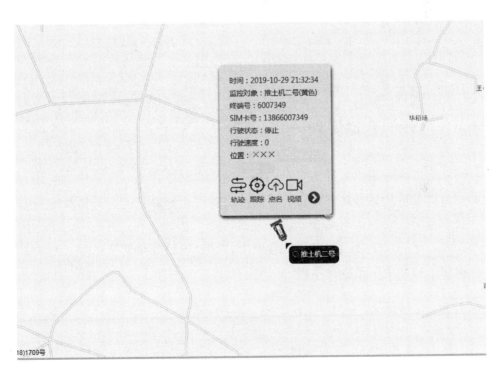

图 4.4　推土机的信息

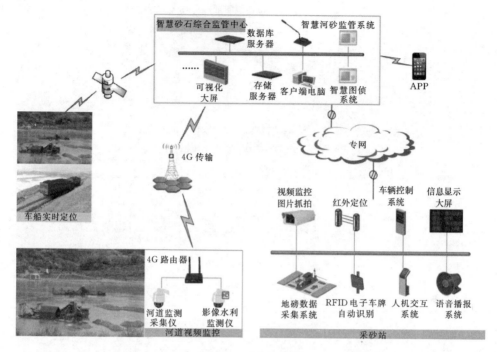

图 4.5 系统拓扑图

4.4 河砂的仓储管理

从河道内开采出来的河砂，一般先堆放在河道岸边，但是岸边场地有限并且大量的河砂堆放在堤防上对堤防稳定有不利影响，这就需要砂石经营公司及时把河砂运输至仓库进行存储。对于仓储管理，首先要选定仓库的库址，河砂均需覆盖或存放至仓库内，存放场地要砌筑围护墙，地面必须硬化，防止雨水进入仓库内。

4.4.1 仓库选址

对于河砂的仓库来讲，选址要求是在不占用河滩地、符合土地利用总体规划、取得合法合规的土地审批条件下，间隔河岸 200m 以上、无明显有碍景观、不在近期建设项目用地范围、不在主要道路周边，且不会对周围住户产生影响等条件下，进行河砂仓库合理布局，规划选址工作。选址流程如图4.6仓库选址流程所示。设计砂石仓库的一般要求如下：

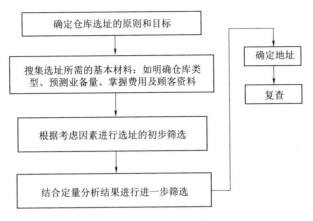

图4.6 仓库选址流程图

（1）堆场面积。堆场面积主要包括河砂堆占面积和砂石的装卸、运输作业线占地面积以及办公用地面积。料堆占地面积应满足一定的储存周期。装卸、运输作业线占地面积要求有一定的作业线长度，畅通的运输通道，整个堆场要求集中，便于管理，占地面积小。

（2）保证河砂存放质量。防止河砂在仓库卸料、堆料及上料过程中出现混料、污染或因离析而破坏级配。材料应严格按不同品种、粒径规格分别堆放。在连续堆垛时，应有一定高度的间隔墙。

（3）努力提高机械化水平，合理选用工艺设备。河砂是大宗材料，使用量极大，在河砂仓库有繁重的装卸、运输工作量，必须根据河砂品种、来料方式、建库条件合理选用机械设备，以降低劳动强度，提高生产效率。

（4）选用平整的场地。为减少土方工作量和土建设施，尽量利用平整的场地设置仓库。在复杂的地形条件下，也应充分利用地形条件，选用合适的设备，以简化工艺流程。

（5）要注意地下水位等地质条件。堆场做好防水排水设计，避免砂石长期浸泡在水中。

4.4.2 入库验收制度

对于河砂入库验收时应遵守的制度如下：

（1）河砂进场后，材料员应根据砂石性质分别进行检尺、过磅、收方计量、清点数量，以实际数量验收，不得弄虚作假。做到河砂进场随货清单、验收记录、收料凭证相符吻合。

（2）河砂的验收，必须按单车签单验收，记清车牌号、车厢尺寸、实际高度、立方数、块数、单车磅码单，以及进场时间、送料单位、送货人姓名、河砂名称、规格、批号等原始数据，并按单车填好送料单及《河砂进场计量检测原始记录》。

（3）河砂入库重量要和河砂出开采点的重量进行核对，一旦发现误差比例超过允许值，管理人员应及时进行处理。

4.4.3 仓储的信息化

装砂车辆从开采点驾出时需要进行称重，驾入仓库时也需要称重，传统的作业方式在开采点出口处和仓库入口处安排值班人员记录每辆车的车牌号、司机、重量等信息，等当天运输作业结束后再汇总核对两边的数据，再减去仓库当天卖出的河砂，才能计算出仓库河砂的储量，工作效率低下，不能及时发现运输行为存在的问题。

水利大数据分析与应用河南省工程实验室研发了智慧砂石监管系统，在参与运砂的车辆中安装 GPS 定位工具，后端平台对前端 GPS 信号进行分析处理，判断目标是否在合法运输区域、划定的路线中作业，若目标超出规划区域将根据告警规则对目标异常情况及时向前端发送信号进行报警。其功能还包括实时位置监控、历史轨迹回放等。本系统还能实时对接地磅系统的数据，对重量信息进行实时比对发现误差超过允许值的车辆及时提醒管理人员进行处理，通过系统报表能一目了然的知道当天河砂入库重量、出库重量以及仓库河砂储量。如图 4.7 所示，管理人员可以看到运输车辆的行驶轨迹，一旦有异常发生，便可得到警报，从而能够及时进行处理。

验收贮存及日常保管的过程如下所示：河砂到场后，由河砂验收人员进行初步验收，对于初检合格的河砂运输车辆出具收料通知单，通知单必须注明名称、规格、供应单位、车牌号及时间；运输车辆凭收料通知单到磅房称重（毛重）；运输车辆凭填写重量（毛重）的通知单到指定地点卸料，卸料时必须服从料场验收人员的管理，卸料完毕后验收人员

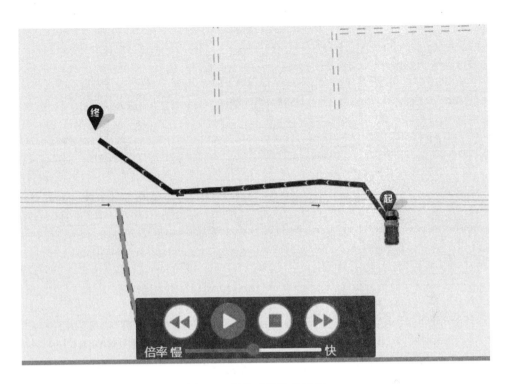

图 4.7　运输车辆的轨迹图

在通知单上签字认可，并注明收料时间；运输车辆凭验收人员签字的收料通知单到磅房称重（皮重），磅房工作人员收回通知单，出具收料单并附磅单一份；磅房工作人员及时填写过磅登记表（分单位、类别填写登记表），附收料单及磅单每日返回材料会计处记账，在磅房设专门电脑记账；所有进场的河砂由专门工作人员负责管理。其流程图如图 4.8 所示。

　　总体来讲，在验收后的河砂仓储管理中，河砂的料仓料棚宜采用钢构件塑钢料棚，净空高度不宜低于 7.5m；堆放场地须全部硬化，坚实、平整、干净，定期清扫，避免二次污染。不同品种、规格的要分已检区、待检区，用隔墙分开，分别堆放；未经检验的砂石料应存放在待检区料仓内待检，已检合格的砂石料应设立"已检合格"的标识牌，河砂料棚标识牌上需明确注明河砂的"使用范围"和来源地；河砂料堆放高度均不得过高，保证顶部平整，减少级配离析。

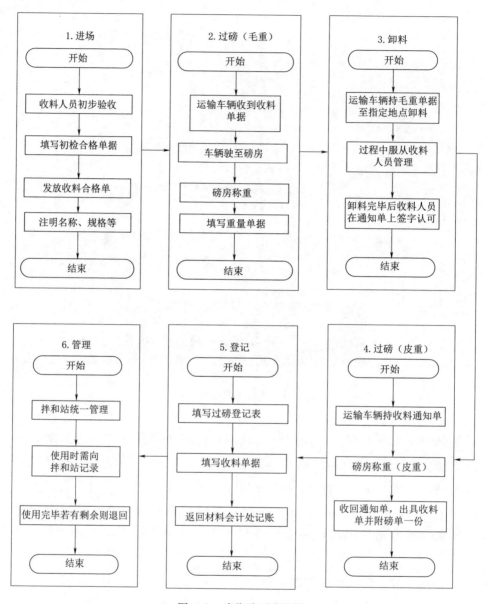

图 4.8 验收砂石流程图

4.5 本章小结

本章重点介绍了河砂的开采与仓储相关内容，并且详细讲述了河砂开采方面需要注意的原则。总而言之，对于河砂开采方面，我们应遵循国家相关标准，严格按照开采红线适度开采，绝不能为了开采砂石而破坏了原有的生态环境；在河砂检验步骤中，严格按照标准环节进行检测，对每一环节、每一试验都要一丝不苟，容不得一丝马虎。在河砂的开采和仓储环节可以采用信息化手段对砂石经营公司的生产行为进行全方位的监管。

第 5 章

河 砂 的 销 售

本书在前面几章中，围绕河道砂石所处的地质环境、水文信息、砂的分类检测、砂的生产管理与仓储管理等做了详细的介绍。另外，本书还讲述过度开采砂石带来的恶劣严重影响。

本章将会在砂石的销售方面入手，着重描述砂石在销售环节的管理方式，包括利益分配、合理运营机制、销售模式、用砂审批、销售信息化等，并详尽讲述砂石的销售过程中需要注意的规则与相关流程事宜。

5.1　利益分配

河道采砂管理要从促进经济社会和谐发展的大局出发，树立可持续的生态发展观，使河道采砂管理工作服务于国民经济发展的大局，在管理中做到依法行政、规范程序、强化服务、简化手续、提高效率，使河道采砂管理工作走上依法、科学、规范、有序的轨道。

目前河道采砂相关利益分配尚未形成合理的机制，各级政府、河砂属地村民、现有采砂公司之间的利益协同亟待完善。河道采砂门槛低，又属于暴利行业，局部地方容易形成不法分子勾结监管人员，形成黑恶势力，形成"人民群众遭殃，不法分子暴利，政府部门买单，领导干部担责"的死循环。

5.1.1　明确河砂所有权和管理主体

河砂作为河道自然资源，所属权应归为国有。可将河道砂石权属主体设在县一级政府上，即以县级政府作为河道砂石收益权的主体，同时也是河道采砂管理的主体。自然资源属性部分，可由自然资源部门组织勘察、登记。河道砂石的处分权归河道管理机关，由其对河道进行采砂实行统一管理，包括制定河道采砂规划、颁发河道采砂许可证、制定采砂收益分成规则，以及有关组织、协调、监督和指导工作。应大胆借鉴各地成功经验，实施河道砂石资源经营国有化为主体的改革，坚决遏制河道采砂乱象。

5.1.2　利益分配指导思想

河道砂石收益权属沿河市县共有，应由地方河道管理机关负责制定砂石出让收益分配方案，以及河道采砂实行许可制度，河道采砂管理实行地方人民政府行政首长负责制。

河道砂石利益分配应兼顾国家、地方政府、沿河居民与企业几方面的利益。河道中砂石资源归国家所有，对其加以科学规划利用避免让国家利益受到损失；河道管理的责任在地方政府，管理成本是需要地方政府承担的，使地方财政得到一定程度的补充，也有利于调动地方政府加大管理投入，加强管理力度的积极性；需充分考虑沿河居民的相关利益，确保社会安定；同时也要充分考虑采砂企业的赢利空间。

5.1.3　利益分配机制

为确保河砂经济利益惠及国家、地方政府、沿河居民和企业，并体现采砂收益的公平分配原则，应按照国家相关法律法规，结合当地现状，制定公平、合理、适用的利益分配机制。

（1）河道砂石收益权原则上属于沿河市县级人民政府共有，砂石资源出让经济收益应由沿河市县级政府共同分配。

（2）对于跨省级的大江大河，以流域机构协调，以省、直辖市为单位确定收益权，再在沿河市县间分配。

（3）砂石出让收益分配方案，应由河道管理机关，根据国家相关法律法规，征求沿河县市级人民政府水行政主管部门意见后确定。

（4）设立采砂发展基金，用于沿河居民的生产生活环境改善，减少社会矛盾，维护社会稳定。

目前砂石利益分配制度在全国尚属研究试行阶段，各地应积极探索，学习先进地区的管理经验，不断规范河砂利益分配机制。同时结合砂石上下游产业，提升砂石资源附加值，最大程度惠及当地群众及各参与主体。

5.2　河砂管理模式

5.2.1　河砂管理的几种模式

1. 采砂权直接许可

将采砂权直接许可给具体单位，特点是程序简单，周期较短，且管理成本较低；弊端是不利于体现砂石资源的价值，导致国有资源的流失，当采砂许可"僧多粥少"时，容易滋生"暗箱操作"等腐败现象，采砂规模较小的市县可采用此方式管理。

2. 采砂作业拍卖

引入市场竞争机制的许可方式（拍卖或招标），优点是有利于体现资源的经济价值，防止国有资源资产流失；有利于创造公开、公平、公正的市场环境；有利于防止腐败和不正当竞争行为的滋生；有利于资金、人力、设备等社会资源的合理配置。缺点是由于采取"价高者得"的原则，导致买受人非理性竞价，使拍卖严重背离了基本价值规律，地方政府追求利益最大化与买受人追求利润最大化的矛盾尖锐地摆在现场监督面前，加大了监管难度，迫使买受人必然违法违规进行掠夺性开采。最大问题是忽视了社会效益，有悖于生态发展观和政府维护公共安全的职责。

3. 国有公司统一经营

地方政府以参股或者控股性质成立国有砂石经营公司，依法取得采砂权，支持其做大做强发挥资源配置优势，形成产、运、销、用完整的市场运行机制。可以有效地解决利益分配问题，同时可在各省范围内进行资源优化配置，一定程度缓解砂石供需不平衡和分布不均衡的问题。随着砂石运输"公转铁"逐步展开，砂石行业转型升级发展有序推进，在全国范围可实现跨省、跨流域的调配砂石资源。

5.2.2　如何选取经营管理模式

若行政区划所属河道砂石量大，开采任务较多，并考虑经常性开采，宜选择作业交易方式，并组织国有化的专业河道砂石开发公司，负责对所属河道砂石作业发包，河道砂石的销售，以及河道砂石开发利用过程的管理，并对相应的政府部门负责。

若某一行政区划所属河道砂石储量小，开采任务较少，采用采砂权交易方式较为适当。

若以县市为单位组织河道砂石开采和交易的次数较少时，应分析是否有条件将县市的河道砂石交易整合，并以省级为单位组织河道砂石开采和销售，采用采砂作业交易的方式，这样既可以降低砂石交易的交易成本，又可以实现对采砂过程的有效控制，这种河道采砂交易组织方式特别适用于对河道超采控制要求严格的河道，并要求河道管理机关或省级水行政主管部门组织协调。

5.3 销售经营管理

河道砂石作为城市建设与工程发展的重要原材料之一，一直是不可或缺的建筑资源，我国河道砂石资源丰富，但是由于近年来的人为无序的开采，导致我国砂石资源总量锐减，同时也破坏了生态环境。习近平总书记提出了"绿水青山就是金山银山"后，各地政府部门逐步响应号召，统筹规划河道砂石管理，成立国有砂石经营企业，严管砂石开发销售。同时，解决砂石供需矛盾及非法经营问题，使河道砂石资源能够可控、有序利用，因而，砂石公司在整个销售流程中扮演着极其重要的角色，砂石使用者只有通过砂石经营公司才可购得砂石。

5.3.1 销售流程管理

由于砂石资源紧张，造成了砂石价格的飞涨，也正是如此，滋生了许多倒卖砂石材料的灰色产业，因此砂石经营公司需制定针对本地河道砂石市场行情的营销管理办法。在销售砂石材料前，应对砂石使用者的采购许可文件进行审核，当查明验证砂石使用者的许可证明确为政府颁布而非伪造时，才可将砂石材料销售给对方，以防止出现非法采购砂石的情况出现。还需注意的是，倘若客户的用砂许可已过期限，或者客户购砂材料与其许可证上已准的类型不符时，不得销售给对方。

核查购砂客户的许可文件之后，河道砂石经营公司可按照以下步骤，实现销售程序：

（1）为客户建立档案信息。砂石购买者的许可文件通过核查之后，砂石经营公司翻阅客户信息档案，若客户未曾在公司建立过信息档案，则为客户建立信息档案，填写客户信息基本表，以为相关政府部门核查客户使用途径以及合法性提供材料基础。若客户在砂石经营公司内已存在，则更新存档客户旧档案即可完成备案操作。

（2）签约合同订单。为客户建立信息档案后，双方按照商议好的价格签订销售合同，必须客户本人签字。在合同签好后，双方不得以任何理由单方面违约，否则要付给对方一定的经济赔偿，甚至要负法律责任。合同签好后若想更改合同内容，需要双方商议，只有在双方同意的情况下才可以更改。另外，砂石经营公司需要生成砂石销售订单，格式见表5.1。

表 5.1　　　　　　　　　　　砂 石 销 售 订 单 表

客户名称		客户联系人	
服务单位		客户姓名	
车　牌　号		司机姓名	
合同编号			
订单状态			
皮　　重		净　　重		单　　价	
毛　　重		收货地址		总　　价	
入场时间			出场时间	

（3）运送砂石材料。一般情况下，砂石经营公司负责将客户在许可范围内购买的砂石材料运送至客户指定的目的地。若客户意图自己运送，砂石经营公司可指派工作人员跟随客户自己的运输车辆到达目的地，到达后让客户填写签收单据，并带回公司。值得注意的是，如果客户使用自己的车辆运输，那么砂石经营公司应该按照相关规定检查运输车辆是否合格，并填写运输车辆登记表（表5.2），从而能够备案。

表 5.2   运 输 车 辆 登 记 表

车辆型号		司机姓名	
服务单位		客户姓名	
车 牌 号		司机电话	
皮 重		净 重	
毛 重		收货地址	
入场时间		出场时间	

（4）彼此评价。当砂石材料运送至砂石购买者指定的目的地后，砂石经营公司的随车工作人员应让客户填写服务评价表，以对砂石经营公司的服务评级，认真听取客户的意见，让客户不满意的步骤及时更改、做出调整。同样的，砂石经营公司需要对客户的信誉产生评价，归档至客户档案中，为以后同一客户的信用评级作备用。

如图 5.1 销售砂石流程图所示，砂石经营公司的销售流程大致上即为如此，可根据此图了解砂石公司的整个销售流程，从而能避免一些在砂石销售中的知识盲区。

5.3.2 传统管理存在的弊端

砂石材料销售行业作为典型的传统行业，在了解砂石开采、销售等步骤的同时，也需要掌握一定的砂石公司经营和管理方面的能力，否则，公司将运作迟缓，甚至会因经营不善而陷入坑困境。作为河道砂石行业公司，在当下互联网盛行的时代，转型升级是尤为重要的一步，切不可因为公司组织庞大而放弃升级。但是这种传统企业转型，其转型速度依旧缓慢。

目前，砂石公司仍然存在一些固有历史遗留问题，如管理混乱、人工成本高、传统工作方式出错率高等。尤其是在企业管理层中，会出现对整个公司的日、月、年生产销售数据掌握不及时，从而导致无法对未来企业发展做出正确决策的情况出现。更重要的是，传统工作方式同样无法保证公司的数据安全。这些问题，将会成为制约砂石经营公司可持续全面发展的绊脚石。

在未转型的传统砂石公司中主要有以下弊端：①人力成本高；②传统

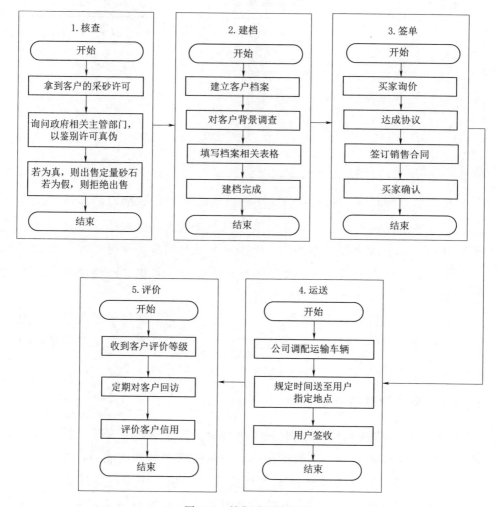

图 5.1　销售砂石流程图

方式出错率高；③数据统计分析困难；④管理混乱；⑤数据可视化不能完全保护砂石企业数据安全；⑥作弊现象频出；⑦财务结算对账繁琐。

5.4　智慧砂石营销管理

目前国家已经制定了相关河道采砂管理条例，以规范河道采砂行为。但由于目前河道采砂管理技术手段不足，管理人力缺乏致使可采区采砂销售环节现场监管力度不足，采砂量（即销售量）和采砂范围难以控制，采砂现状管理未能真正满足新形势和新制度的要求。

智慧砂石营销管理系统依托于先进的移动互联网平台，借助互联网、云计算、智能分析、视频监控、GPS 定位、传感器和 RFID 射频识别等技术充分实现互联网在资源配置过程中的集成和优化作用，实现了对河道砂石可开采区与禁采区情况的监控、砂石开采、砂石销售全过程的网络化、数字化和智能化管理。

采用 RFID 射频识别技术，先进的过磅衡重管理方法，过磅作业中的司衡环节基本不用人为干预，从而最大可能减少损失，最大限度地平衡买卖双方之间在衡重环节的利益，提高砂石经营公司服务水平。

5.4.1　管理背景

砂石行业特点是：砂场多、车辆多、车型多、人员结构复杂，进而导致管理难度大。如何拓宽管理视角，提高砂石行业监管水平，增强砂石运输安全，加强砂石出场管理是当前急需解决的问题。

砂场车辆管理资料和数据库已存在，但是这些资料都需要人工输入电脑数据库或者停车核对相关的证件才能查验，在车流量大、通行效率要求高的闸口很难实施，而且费时费力，容易出现进出不匹现象。

在管理站称重区、砂场车辆进出口等区域如何能够快速有效地采集数据、远距离稽查和异常车辆自动告警成了首要的问题。砂场每天都会有大量的物资运输车辆进出，需要进行停车、登记、称重等程序，由操作人员将数据手工录入计算机，不仅耗时，而且误差率大，此外还容易滋生人为舞弊行为，造成大量资产损失。

5.4.2　系统组成

系统包括 RFID 射频卡系统、道闸、语音对讲系统、打印系统、车辆冲淋系统、防遥控作弊器等；RFID 射频远距离读卡系统、道路门禁控制系统等。

（1）所有称重车辆必须保证贴有电子标签，上地磅称重以前必须提前预约，录入车牌、车主等相关信息。

（2）称重过程完全智能化，无须人工干预；若出现异常情况或需人工干预，可随时转为手动模式。

系统布置图如图 5.2 所示。

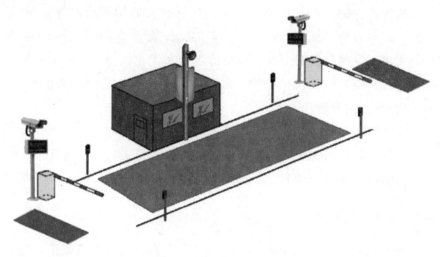

图 5.2　系统布置示意图

1. 地磅数据采集系统

在车辆行进过程中，地磅数据采集系统用于实时采集电子地磅采集到的重量信息，经过分析选择出正确的重量信息发送给集控中心系统。

通过自动读取大型电子衡器的称重数据，主要进行对销售、入库、称重等的计量操作。系统对车辆皮重进行监管，发现异常自动报警，可将视频图像和红外监控接入系统，可实现对过磅过程的自动抓拍，例如对车辆的上磅位置、车辆内的货物情况进行实时监管。数据自动采集、自动打印过磅单，防止人员作弊。同时系统严格控制过磅单的打印次数，在过磅单上设置防伪标志，保证过磅单的真实性。

系统提供自动统计功能，实时查询过磅流水、实时统计过磅明细以及过磅汇总数据。

2. RFID 电子车牌识别系统

电子车牌识别系统采用射频识别技术（Radio Frequency Identification，简称为 RFID）实现车辆身份识别，系统在车辆行进过程中动态采集电子车牌信息。为了加强管理，更进一步堵住管理中的漏洞，系统使用 RFID 系统管理功能，即系统中引入成熟的 RFID 管理流程，实现砂场、客户方不需要传统纸质单据即可以进行信息传递，在运砂车辆的前挡风玻璃贴上 RFID 标签，就可以完成过磅、查询、收款、结算全过程。RFID 的引用，确保了数据的准确性和可靠性。

3. 视频监控系统

使用监控摄像机 24 小时不间断监控车辆过磅情况，并录像、抓拍存档，以备事后查询。同时，车顶摄像机抓拍运砂车车厢空载与满载图像留档备查。

4. 智能道闸控制

地磅前后各一个栏杆机（特殊需求可以省略栏杆机），控制车辆有序称重。栏杆机的栏杆上可以加一些交通标志，提醒驾驶员只能从一边驶入，禁止从另一边驶入。

5. 车辆控制

使用地感线圈检测器和红外对射传感器检测车辆位置，进而控制电子档杆自动抬杆、落杆。

6. 红外定位

在磅体两端各安装一对红外对射仪，红外线设备通过信号线连接到开关量 IO 卡。当光束被阻挡时，红外对射仪将信号发送到开关量 IO 卡，地磅称重软件从开关量输入卡提取信号，当检测到报警信号后，系统禁止称重系统数据保存，称重流程终止。

7. LED 大屏显示系统

地磅使用 LED 系统可在系统过毛、过皮的时候实时显示称重信息，同时也可显示客户及车辆等信息。

8. 语音播报系统

系统控制语音音箱在不同称重过程播放不同的语音提示，在称重完成后并语音播报称重的毛重、皮重、净重等。

9. 自助无人交互

在进出口站房安装自助机，用于自动或人为打印过磅小票，显示称重信息，以及实现工作人员与司机的实时通话。

智能刷卡系统如图 5.3 所示。

10. 车辆冲淋系统

在车辆装满河砂进入地磅称重前，

图 5.3 智能双层刷卡机

对车辆进行冲淋，防止车身上的泥沙对环境造成不良的影响。如图 5.4 所示。

图 5.4　正在进行喷淋的车辆

11. 系统防作弊手段说明

使用车辆红外定位系统检测车辆位置，防止车辆不完全上磅。监控系统摄像机从不同角度对过磅车辆进行监控，并拍照留档，监控空车加载、多车同时上磅、人为撬磅等行为。采用电子标签卡具有防拆功能，可杜绝司机利用交换卡片、车牌作弊。系统自动采集过磅数据，且对司磅员操作系统做实时记录，避免人为操作错误造成损失。

地磅数据采集系统实时监控磅值变化过程，防止人为干扰地磅传感器作弊。

发 RFID 电子标签时将车辆基本信息及空车重量与电子标签卡号绑定，在每次空车过磅时进行比对，对车重变化超出正常范围的及时检查并报警提示。

5.4.3　销售称重流程

1. 车辆空车过磅称重

在河道砂石销售的运输环节中，需要首先进行车辆空车过磅称重，其流程示意图如图 5.5 所示。

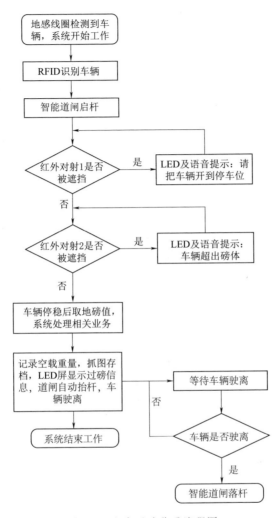

图 5.5　空车过磅称重流程图

2. 汽车满载过磅称重

在砂石装满后，车辆需要进行满载过磅称重，其流程图如图 5.6 所示。

5.4.4　功能设计

实现对管辖区内车船信息、车辆载重、车辆进出场等实时监控、车辆进出场称重、收费结算、数据传输和数据上报。监管各采砂场的违法开采、车辆违法进入、违法运输、砂场通信和用电畅通等异常行为。发现异

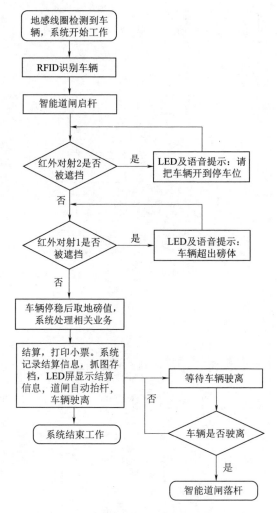

图 5.6　车辆满载过磅称重流程图

常行为，通知各地水政监察大队具体核实解决。主要包括砂石入库、砂石销售、合同管理、设备管理、系统管理、业务数据管理等。

1. 入库管理

进行砂石开采/加工入库的制定与管理，系统提供入库管理过程中的诸多查询与统计功能，例如执行情况统计、入库流水统计、入库车次明细、汇总统计、各砂厂供货统计等。

业务流程：预先在采砂场唯一出入口安装 RFID 读取设备和拍照设备，当车辆进入和出采砂场，RFID 设备读取车辆上的 RFID 信息拍照设备拍摄车辆信息并保存。车辆出采砂场没有进入到储砂场作为"未完成订单"；车辆出采砂场进入储砂场并卸货出储砂场作为一个完成的入库流程，记录进入"已完成订单"功能；统计报表记录已完成订单基本信息。入库管理功能示意图如图5.7所示。

图5.7 入库管理功能示意图

2. 销售管理

包括客户管理、销售合同管理、砂石单价设定等，实时监管销售过程，对销售过程的数据实时查询统计，例如客户情况统计、销售流水统计、销售明细/汇总统计等。

为满足砂场销售管理的多种销售策略，系统支持多种销售模式，例如，不同品质砂石价格不同、预收/现收混合销售等。另外，当客户账户余额不足时，系统自动提示，减少欠款发生。

业务流程：运输车辆读取RFID、摄像机拍照、空车称重后，系统弹出对画框，显示客户账户余额之后操作人员选择本车用砂客户名称之后，进场拉砂。出场时依然是读取RFID、摄像机拍照、满载车辆称重，之后系统计算出本车次拉砂重量之后打印运输单，费用自动在客户账户上扣除。销售管理功能示意图如图5.8所示。

3. 合同管理

提供合同签订功能和预购订单等功能。

合同线下签订，操作人员使用系统功能在线充值，系统累加账户余额

图 5.8　销售管理功能示意图

和新增合同额为以后的账户余额。当账户余额不足时，系统自动报警提醒
签订购砂合同。合同管理功能示意图如图 5.9 所示。

图 5.9　合同管理功能示意图

4. 设备管理

实现系统相关硬件设备在线管理，包括 RFID 取卡器、高清摄像头、
地磅传感器等。提供系统中设备的运行状态及在线调试功能。

5. 自动称重

通过对进场车辆和出场车辆的车牌（RFID）识别、上磅定位、称重数据、车载前部、后部、顶部和底部监控实现整个过磅的安全管理，达到减少人为操作、避免人为犯错的应用目的，从而减少砂场的管理漏洞，并简化称重磅房工作人员的操作，降低劳动强度，缩短车辆过磅的称重时间，从而提高砂场的生产作业效率和管理水平。车辆自动称重示意图如图5.10 所示。

图 5.10　车辆自动称重示意图

6. 报表统计

提供完善的报表统计功能（包括产品销售报表、入库报表、财务报表、结算报表等），节省统计分析的繁琐工作时间，提高砂石经营企业统计的高效性、准确性。

7. 总量监控

提供水行政主管部门和企业管理者在监管平台实时查看本日、本周、本月、本季、本年（也可指定时间段）的销售信息，实时监测砂场实际采砂量，从源头杜绝超量开采。

8. 数据管理

管理客户信息、车辆信息、司机信息、储砂点信息、砂厂信息等，提供增删改查等功能。

9. 系统管理

提供单位管理、用户管理、权限管理、菜单管理、系统日志等功能。

5.5 本章小结

在本章当中，着重讲述了河道砂石利益分配、河砂经营管理模式、企业经营管理、智慧销售营销管理等方面。总的来说，要正确处理好个人利益和集体利益、单位利益和国家利益、局部利益和整体利益的关系，维护广大人民群众的根本利益。在砂石销售过程中，应该对买卖双方进行监管，以防止非法收售、非法倒卖的情况出现。再造经营企业的管理流程，使销售与开采相衔接，使砂石销售、开采的实时数据及历史数据无缝集成到上层信息化系统中，使上层管理人员可通过图表、报警等机制实时了解到销售、开采状况，使水行政主管部门通过监管砂石经营企业，实时掌握砂石销售量，根据市场层面销售数据监管河砂开采情况。

第6章

河 砂 运 输 与 使 用

在前面几个章节的叙述中，读者对河砂从规划、审批、开采，再到仓储销售等环节都有了比较详尽的理解。以上内容都是与河砂流通息息相关，在各个环节里务必要按照相应的规则办事，不能够逾矩操作。还要注意的是，在每个环节中都要注重对生态环境的保护，开采运输乃至仓储加工都要以绿色环保为准线，严禁破坏大自然。

同样的，在河砂的实际使用中也需要一定的规章制度，购砂用户不能随意倒卖河砂。在本章节中，对于河砂的运输和使用有着明确详细的叙述，从河砂运输到居民自建房用砂监管、工程用砂监管等方面着重讲述河砂在运输、使用环节如何监管。

6.1 居民自建房用砂监管

在居民日常生活中，有时会需要使用砂石制作混凝土建造或修理一些建筑物，如房屋装修、庭院修整、道路铺设等。一般来说，居民使用的砂石用量较少，但中国人口众多，生产活动频繁，砂石总消耗量很多。所以有必要对居民自建房用砂进行监管。一般来讲，居民自建房用砂监管可分为以下几个步骤。

6.1.1 居民自建房用砂申请

居民在购买砂石材料之前，需要先获得用砂许可，否则砂石经营公司不得私自把河砂卖给居民。在此时，首先按图 6.1 所示备案资料填写《居民自建房购砂申请表》（图 6.2，详见附录 2.1），表中包含姓名、家庭住址、联系方式、购砂理由、购砂总量、用砂地址、购砂类型等信息。然后向村委、街道或乡镇提交申请表，最后在村委、街道或乡镇调查情况属实以后，对申请表签字并盖章。

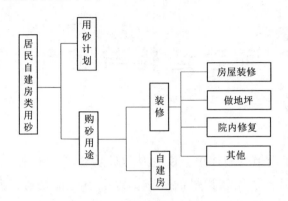

图 6.1　居民自建房客户所需备案资料

居民自建房购砂申请表（示例）

客户姓名		性别		民族		照片
家庭住址				申请日期		
身份证号				联系方式		
购砂类型				购砂总量		
购砂用途				用砂地址		

图 6.2　居民自建房用砂申请表示例

6.1.2　居民自建房用砂核定与签约

砂石经营公司在接到客户提交的《居民自建房购砂申请表》以后，砂石经营公司有权利检查其申请表的真实性，当查明验证砂石使用者的申请表为村委、街道或乡镇签字盖章而非伪造时，才可将河砂卖给客户。还需注意的是，倘若客户的购砂总量或者购砂种类与其申请表上已准的数量和类型不一致时，不得卖给该客户。砂石经营公司需调派专业人员对申请表中所填写的信息进行核实，对不正确的用砂方式，用砂总量，用砂类型及其他信息进行修改或完善。在规定范围以内的建房购砂申请，砂石经营公司需先让客户签订《居民自建房购砂履约承诺书》（图 6.3，详见附录 2.2），然后与客户签订

《居民自建房砂石购买合同》(图6.4，详见附录2.3)，确保砂石真正用于自建房。对不按规定的建房购砂申请，不予批准购砂。

居民自建房购砂履约承诺书（示例）

为响应国家政策，加强河流砂石管理，保证砂石用量、砂石类型、砂石用途正确执行，___(客户姓名)___ 作为居民自建房购砂客户，向__(砂石经营公司名称)__砂石经营公司作如下郑重承诺：

一、严格遵守国家安全生产制度，按照安全操作规范施工，做好安全防护工作，施工期间若发生机械、人身伤亡事故或造成财产损失、我愿意承担全部责任和因此发生的费用。

二、严格遵守国家施工质量规范和标准，保证建筑物质量，若因施工操作，而非砂石问题引发投诉或纠纷，公司概不负责，最终由我负责。

三、作为购砂客户，我承诺自用砂日起至砂石用完之日止，自始至终全过程常驻工地现场，严格按照有关施工标准及合同条款进行砂石使用。

图 6.3　居民自建房履约承诺书示例

居民自建房砂石购买合同（示例）

甲方：(客户签名)

乙方：(砂石经营公司名称)

根据《中华人民共和国合同法》及有关法律、法规规定，甲、乙双方本着平等、自愿、公平、互惠互利和诚实守信的原则，就产品供销的有关事宜协商一致订立本合同，以便共同遵守。

一、乙方向甲方提供(砂石类型)砂石，单价：_____元/吨

二、合同价款及付款方式：

本合同总价款为人民币____元。本合同签订后，甲方向乙方支付定金____元，在乙方将上述产品送至甲方指定的地点并经甲方验收后，甲方一次性将剩余款项付给乙方。

三、产品质量：

图 6.4　居民自建房砂石购买合同示例

6.1.3　居民自建房用砂运输监管

客户签订完《居民自建房砂石购买合同》后，若砂石经营公司对其保证运输，则无需客户跟随车队，砂石经营公司在招采竞价系统中根据具体情况选取所登记运输公司，运输公司派遣车辆把相关类型河砂运输至用户指定位置。在砂石运送过程中，运输公司根据实际情况在运输监管系统上提前规定好路线，设定好运输时间。若砂石经营公司不提供砂石运输服务，则客户应自己雇佣有运砂资质的运输公司进行运输，同时将运输路线告知砂石经营公司，在运输过程中客户需要跟随车队一起上路，以便能够在交通运输部门检查时提供相应的用砂、运砂许可证明。

负责运砂的运输车辆上应安装 GPS 或者其他定位设施，若砂石运输过程中出现堵车，修路等情况，运输车司机应及时与运输公司联系，运输公司在运输监管系统上进行线路的调整，重新计算运输时间。

6.1.4　居民自建房用砂使用和处理

在使用河砂的过程中，客户应按照砂石申请书上所签发的用途合理合法使用，不得将河砂用于其他事项。在建房完成后，若有少量砂石的剩余，用砂者可以在告知砂石经营公司备案以后自行处理。但若是建房过程中有意外情况发生导致大量砂石材料剩余，则需联系砂石经营公司将剩余砂石按照原价回收，不得私自倒卖给他人谋取利益。

6.1.5　居民自建房用砂回访

砂石经营公司在把河砂卖给自建房客户后，砂石经营公司要以一个月为期限，定期地对客户进行实地回访，目的是监督客户有没有按照规定合法使用河砂。一旦发现客户没有按照用砂许可申请中的用途合理使用而造成砂石资源的严重浪费的，更有甚者，发现客户将河砂倒卖并且进行非法营利的，便要对该客户进行严肃警告，情节恶劣者应移交至相关执法部门，让走上不法之路的客户受到惩罚。

在砂石经营公司对已售砂石的实地回访过程中，需要填写《居民自建房客户用砂情况回访表》（图 6.5，详见附录 2.4）。填写此表目的是记录客户对河砂的使用情况，以便相关部门检查河砂用途以及河砂去向时，能够证明河砂没有被非法使用或者非法倒卖。另外，填写此表格能够帮助砂石经营公司了解客户对不同类型河砂的使用，便于公司对不同类型的河砂开采以及地域销售量上的调整。

根据以上步骤，结合居民自建房用砂实际中的情况，可作流程图如图 6.6 所示。

居民自建房客户用砂情况回访表（示例）

客户姓名		采办日期	
联系方式		回访次数	第　　次
砂石总量		回访日期	
砂石余量		已用砂量	
用砂地址			

图 6.5　居民自建房用砂回访表示例

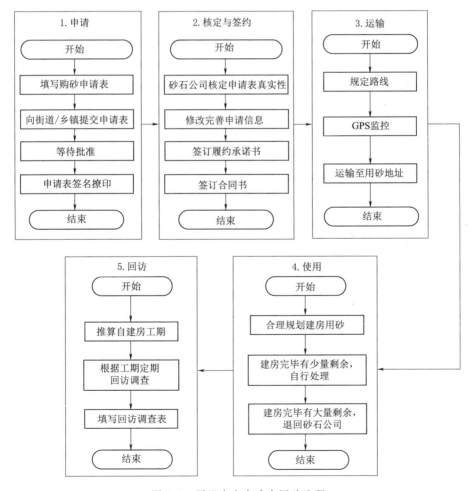

图 6.6　居民自主自建房用砂流程

为防止砂石资源的被倒卖，破坏砂石市场秩序，砂石经营公司有权有义务对使用者进行定期监管，倘若砂石经营公司对客户的监督不及时，可能会导致违规行为的出现。除了必要的流程监管，砂石经营公司还可以不定时去居民自建房用砂现场核查用砂情况，对不按申请书和合同书要求的砂石使用行为，建立举报奖励机制，惩罚客户，并在客户下次申请购砂时提高购砂价格或不予审批通过等。

6.2　工程类用砂监管

工程类用砂的使用监管与自建房类用砂大体类似，但工程类砂石材料的使用往往用量巨大，很容易引起工程项目管理者的贪污腐败，借用工程类砂石名义申请额外用砂，从而非法倒卖，获取利润。所以，工程类用砂的使用监管往往比自建房类用砂更为严格。一般来讲，工程类砂石材料用砂分为以下几个步骤。

6.2.1　工程类用砂申请

在工程规划或施工需要购买河砂时，需要先获得用砂许可，否则砂石经营公司不得私自贩卖给客户。在此时，首先按图 6.7 所示备案资料填写《工程类购砂申请表》(图 6.8，详见附录 3.1)，表中包含客户姓名、住址、联系方式、购砂理由、购砂总量、用砂地址、购砂类型等信息。然后向相应政府部门提交申请表，最后在政府部门调查情况属实以后，对申请书签字并盖章。

6.2.2　工程类用砂核定与签约

砂石经营公司在接到客户提交的《工程类购砂申请表》以后，砂石经营公司有权利检查其申请表的真实性，当查明验证客户的申请表明确为相关部门签字盖章而非伪造时，才可将河砂售卖给该客户。还需注意的是，倘若客户的购砂总量或者购砂种类与其申请表上已批准的数量和类型不一致时，不得售卖给该客户。砂石经营公司需调派专业人员对申请表中所填写的信息进行核实，对不正确的用砂方式，用砂总量，用砂类型及其他信息进行修改或完善。在规定范围以内的工程类购砂申请，砂石经营公司需

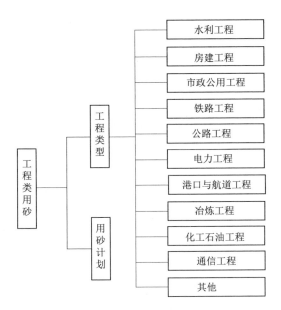

图 6.7　工程类用砂项目类型

工程类购砂申请表（示例）

联系人姓名		联系方式		照片
申请日期		工程名称		
工程编号		工程地址		
工程规模		购砂类型		
购砂总量		购砂用途		

图 6.8　工程类购砂申请表示例

先让客户签订《工程类购砂履约承诺书》（图 6.9，详见附录 3.2），然后与客户签订《工程类砂石购买合同》（图 6.10，详见附录 3.3），确保砂石真正被所述工程所用。对不按规定的工程类购砂申请，不予批准购砂。

工程类购砂履约承诺书（示例）

为响应国家政策，加强河流砂石管理，保证砂石用量、砂石类型，砂石用途正确执行，__（客户姓名）__作为__（工程名称）___工程购砂负责人，向__（砂石经营公司名称）__砂石经营公司作如下郑重承诺：

一、严格遵守国家安全生产制度，按照安全操作规范施工，做好安全防护工作，施工期间若发生机械、人身伤亡事故或造成财产损失，我愿意承担全部责任和因此发生的费用。

二、严格遵守国家施工质量规范和标准，保证建筑物质量，若因施工操作，而非砂石问题引发投诉或纠纷，公司概不负责，最终由我负责。

三、作为购砂客户，我承诺自用砂日起至砂石用完之日止，自始至终全过程常驻工地现场，严格按照有关施工标准及合同条款进行砂石使用。

图 6.9 工程类购砂履约承诺书示例

工程类砂石购买合同（示例）

甲方：（工程购砂负责人签名）

乙方：（砂石经营公司名称）

根据《中华人民共和国合同法》及有关法律、法规规定，甲、乙双方本着平等、自愿、公平、互惠互利和诚实守信的原则，就产品供销的有关事宜协商一致订立本合同，以便共同遵守。

一、乙方向甲方提供__（砂石类型）__砂石，单价：_____元/吨

二、合同价款及付款方式：

本合同总价款为人民币____元。本合同签订后，甲方向乙方支付定金____元，在乙方将上述产品送至甲方指定的地点并经甲方验收后，甲方一次性将剩余款项付给乙方。

图 6.10 工程类砂石购买合同示例

6.2.3 工程类用砂运输监管

客户签订完《工程类砂石购买合同》后，若砂石经营公司对其保证运输，则无需客户跟随车队，砂石经营公司在招采竞价系统中根据具体情况选取所登记运输公司，运输公司派遣车辆把相关类型河砂运输至工程项目指定位置。在砂石运送过程中，运输公司根据实际情况在运输监管系统上提前规定好路线，计算出运输时间。若砂石经营公司不提供砂石运输服务，则应由客户雇佣有运砂资质的运输公司进行运输，同时将运输路线告

知砂石经营公司，在运输过程中客户需要指派人选跟随车队一起上路，以便能够在交通运输部门检查时提供相应的用砂、运砂许可证明。

负责运砂的运输车辆上应安装GPS或者其他定位设施，若砂石运输过程中出现堵车，修路等情况，运输车司机应及时与运输公司联系，运输公司在运输监管系统上进行线路的调整，重新计算运输时间。

6.2.4　工程类用砂使用和处理

在使用河砂的过程中，客户应按照砂石许可证上所签发的许可用途合理合法使用，不得将河砂用于其他事项。在工程项目完成后，若是河砂剩余量比较少，用砂工程单位可在告知砂石经营公司以后自行处理。但若是工程项目过程中有意外情况发生导致大量河砂剩余，则需联系砂石经营公司将剩余河砂按照原价回收，不得私自倒卖给他人谋取利益。

6.2.5　工程类用砂回访

与自建房用砂客户回访时间不同的是，砂石经营公司要以三个月（即一个季度）为期限，定期地对工程类用砂客户进行实地回访，其原因是工程类项目往往工程周期很长，一般都以年为单位计量，因而一个季度的使用情况可以推算出该项目的使用河砂量是否合理。一旦发现用砂工程单位没有按照用砂许可申请中的用途合理使用河砂从而造成河砂资源的严重浪费的，甚至是虚报工程项目而将所申请的河砂倒卖并且进行非法营利的，要对用砂工程单位的项目负责人进行严肃警告，情节恶劣者应移交至相关执法部门，让走上不法之路的客户受到应有的惩罚。

在砂石经营公司对已售卖的工程类砂石实地回访过程中，需要填写《工程类用砂情况回访表》（图6.11，详见附录3.4）。填写此表目的是记录工程对砂石材料的使用情况，以便相关部门检查河砂用途以及河砂去向时能够证明河砂没有被非法使用或者非法盈利倒卖。另外，填写此表格能够帮助砂石经营公司了解不同类型的工程对不同类型河砂的使用，便于公司对不同用途的河砂开采以及地域销售量上的调整。

根据以上步骤，结合实际情况，可作流程图如图6.12所示。

为避免河砂资源被非法倒卖，砂石经营公司有权有义务对用砂工程单位进行定期监管，倘若砂石经营公司不对用砂工程单位进行监管，可能会

工程类用砂情况回访表（示例）

工程名称		联系方式	
采办日期		回访日期	
回访次数	第　　次	砂石总量	
砂石余量		已用砂量	
用砂工程名称			
建设单位			

图 6.11　工程类用砂情况回访表示例

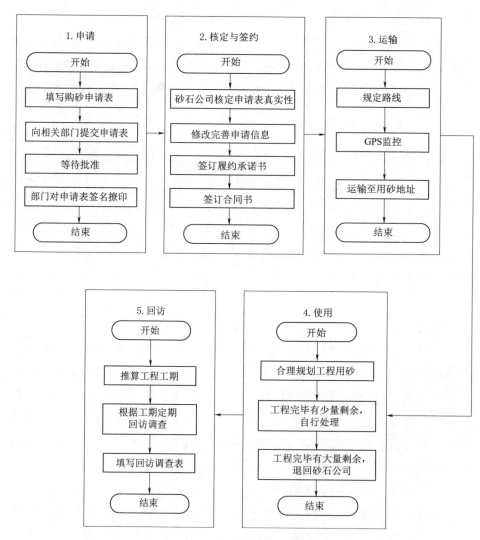

图 6.12　工程类用砂使用流程

导致违规行为的出现。工程类用砂的倒卖比个人用砂的倒卖牟利更大，也会对社会造成更恶劣的影响，因此，对工程类用砂的使用监管要比个人用砂的使用监管更加严格，才能杜绝砂石的非法倒卖。

6.3 河道砂石运输与使用信息化

6.3.1 河道砂石运输信息化

因砂石料产地与需求地的分布不均，造成了砂石运输业快速发展。在砂石运输工具方面，大致上有三类，第一类是重载自卸卡车，第二类类是货载列车，第三类是河砂运输船。河砂运输主要使用的是重载自卸卡车。大部分客户没有运输车辆需要通过砂石经营公司找到合适的运输车辆，常常会出现运砂司机随意变更运输路线、要求增加运输费用等情况，客户处于劣势地位往往不得不答应司机的无理要求。由于河砂利润可观，所以不乏有人为了金钱铤而走险，在运输途中偷偷卸砂，给客户造成损失，甚至参与非法运输河砂。所以有必要对河砂的运输进行信息化监管。

1. 相关法律法规

关于河砂的运输，水利部发布的《河道采砂管理条例（征求意见稿）》（以下简称《条例》）中有比较详细的规定。《条例》规定：国务院交通运输主管部门负责对采、运砂船舶、车辆和砂石码头的监督管理，依法查处损害航道安全的违法采砂行为、证照不齐全的采（运）砂船舶（车辆）、非法码头以及违法运输砂石等行为；河道管理范围内运砂船舶（车辆）应当持有合法来源证明，合法来源证明由负责现场监管的水行政主管部门或流域管理机构在经许可的采砂现场核发。没有砂石合法来源证明的河道砂石，运砂船舶（车辆）不得装运，任何单位和个人不得收购、销售。砂石合法来源证明的样式由国务院水行政主管部门会同交通运输行政主管部门规定，省级水行政主管部门或者流域管理机构印制。

运砂船舶（车辆）无砂石来源证明或与实际情况明显不符的，由县级以上地方人民政府交通运输部门没收违法所得，并处 3 万元以上 10 万元以下的罚款；情节严重的，没收运砂船舶（车辆）。

当然，地方政府会更加细致的补充河砂运输的规定。以湘阴县为例，在 2012 年 12 月 4 日县政府发布了《关于进一步加强砂石渣土运输管理的通告》，这其中，有部分规定特别详细的注明了对车辆运输河砂的要求：只能向符合河砂运输相关技术规定的车辆供货，并严格按照运输车辆的型号和核定吨位装载河砂，严禁超吨位装载；同时填写好发货单，实行签单发货。凡是违规供货、超重装载、无单发货的，停止对该码头的河砂供应，依法从严予以经济处罚；情节严重的，依法对其进行停业整顿；造成道路交通事故的，一并从严追究码头业主、装载人员的法律和经济责任。

所有从事河砂运输的车辆必须手续齐全、符合国家公布的技术参数、在合法的车辆密闭改装厂安装了密闭机械装置，驾驶人员必须具有相应的资格。凡车辆手续不全、私自改型改装、未密封运输的或驾驶人员不具有相应的资格的一律不得上路从事河砂运输，违者依法予以严处重罚。

2. 砂石运输监管手段

由政府牵头，充分利用市场手段。要想解决问题，必须从源头抓起，政府部门应该建立新的竞争机制，防止采砂运输行业垄断行为的发生。水利大数据分析与应用河南省工程实验室研发了招采竞价系统，砂石经营公司根据销售派单，在招采竞价系统上发布招标公告，运输公司根据招标公告自主投标，砂石经营公司按照运费最低原则选择运输公司，运输公司中标后开始履行合同。采用竞价方式选择运输公司可有效避免运砂司机私自加收运输费用，有效维护客户的利益。

3. 砂石运输流程

运输公司通过招采竞价系统在网上进行竞标，中标后根据订单的用砂地点进行人员调配，就近抽调车辆进行河砂运输，运砂司机接到任务后进行河砂数量确认、质量确认及签收单据确认；通过优化配载定时进行砂石运输；在运输的过程中司机通过电话、传真、互联网等通讯方式与砂石经营公司联系，及时进行线路调配；运输过程中，砂石经营公司通过 GPS 定位设备对运输车辆进行实时监控；在运输到目的地后，司机与客户进行货单交接，并带回客户的意见；最后司机将签收后的货单交回公司。砂石运输流程如图 6.13 所示。

4. 运输信息化监管

在司机接到河砂运往客户的过程中，一些不良的司机可能会在运输途中进行卸砂，进行倒卖非法获利。这不仅会对运输公司造成负面影响，而且会损害客户的利益，使整个河砂监管流程出现漏洞。所以很有必要对运

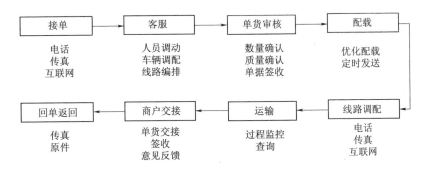

图 6.13 砂石运输管理流程

输河砂的车辆装载 GPS 定位系统和载重系统进行联合预警，随时监测运输车辆是否在规定路线行驶和重量是否变化。智慧河砂监管系统如图 6.14所示。

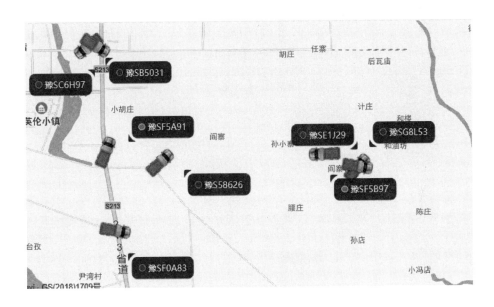

图 6.14 智慧河砂监管系统

在运输车辆行驶过程中，有些客户目的地离河砂仓库比较远，车辆司机需要长时间进行驾驶，很容易出现疲劳驾驶的情况，所以在智慧河砂监管系统中需要有对应的防疲劳提醒。智慧河砂监管系统防疲劳提醒功能如图 6.15 所示。

	监控对象	报警时间	处理状态	所属分组	对象类型	标识颜色	报警类型
	鄂FEA760	2019-10-28 21:51:22	未处理	××县及时雨运输有限公司	车	黄色	疲劳驾驶(平台)

图 6.15 智慧河砂监管系统防疲劳提醒

6.3.2 河道砂石使用信息化

砂石售卖给客户以后，为防止有些客户进行倒卖和不按用砂计划正确使用相应种类的砂石，砂石经营公司应对客户的砂石使用情况进行监管，可以通过纸质回访单和网络等形式实现监管。

纸质回访单一方面不容易管理，另一方面容易造成遗失，不利于进行信息化管理。将纸质回访单融合网络等工具，将回访内容放在网上，可以方便砂石经营公司和监管部门进行河砂使用监管，减少的人力物力的投入。智慧砂石大数据综合监管平台如图 6.16 所示。

图 6.16 智慧砂石大数据综合监管平台

6.4 本章小结

本章主要介绍了河砂的运输和使用监管，其中河砂的运输监管可以采用招采竞价系统和智慧河砂监管系统实现信息化监管，提高监管的效率；我们将使用监管分为居民建房使用监管和工程类使用监管两类，它们有相同之处，也有各自不同的特点，因而对两者的使用监管方式有所区别，也有相异的使用监管标准。最后根据两类监管的特点为读者讲述了砂石的合理监管步骤。

在本章中，砂石的使用监管主要有两个目的，一是保证用户按照用砂申请的用途用砂，防止倒卖河砂，扰乱河砂市场；二是统计各类工程使用的河砂等级，可以对河砂进行深加工，提高河砂的经济价值。所以，合理的砂石使用监管不仅会促进砂石市场的稳定，而且还能带来相应的利益，在整个砂石监管系统中是不可忽视的重要一环。

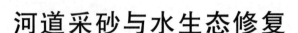

第 7 章

河道采砂与水生态修复

在河道中，大规模无序地采砂将使河床严重变形，水流流态发生变化，会危及河床稳定与堤岸的安全；但如果禁止河道采砂则又浪费自然资源。河道采砂应当结合河道整治、砂坑处理、河道疏浚、水生态修复等技术来综合利用和开发河道中的砂石资源，而不应当单纯从经济利益出发在河道进行大量开采。因此，人们需要进行合理地河道采砂，并进行采砂河道水生态科学地修复，还可以兴利除害，疏浚河道，使河床整治达到可持续发展的要求。

本章首先讲解河道修复技术，然后对非法采砂形成的砂坑进行处理和修复；最后阐述河道疏浚与采砂综合治理，对河道治理中的生态修复技术进行了研究和应用，为创造良好的河道水生态平衡体系打下基础。

7.1 河道修复

7.1.1 河道修复的意义

作为自然生态系统重要组成部分的河道，因非法采砂等问题而导致河道污染、河床严重变形和水流流态发生变化等，不仅会加速河流生态环境的退化和破坏，也会造成经济上的损失。因此，河道采砂生态治理和修复势在必行。

河道治理对于加快生态文明建设有着重要意义，符合十九大"坚持人与自然和谐共生"纳入新时代坚持和发展中国特色社会主义的基本方略和"建设生态文明是中华民族永续发展的千年大计"的发展理念。而具体到每一处水利河道来说，一方面河道是水流的通道，对于当地的防洪、行洪畅通，对抗御洪涝灾害有着重要作用。另一方面来看，河道承载着水资源的运行，水资源是人们生产生活所需的一种常备自然资源，与人们的生活息息相关。周围农田的蓄水灌溉、渔业的生产养殖等都离不开河道中的水资源，对于水资源的开发利用以及保护都离不开河道这一载体。除此之外，河流作为人类文明的发源地，还有着发展当地经济、保护生态文明多样性、美化当地景观等诸多方面的作用。

在存在采砂的河道，由于部分河道采砂出现乱采盗采的现象，导致采砂区域河道没有统一性、规划性。这使得汛期的时候，河道周边的农田被淹没，严重时甚至直接被冲刷；而到了旱季又因到处采砂，加之早年间的污水排放、垃圾乱扔、工业生产等问题，破坏了水环境水资源，污染了水质，使得整条河道一直处于浑浊状态，整个河道面目全非，不仅影响整体的环境美观性，引起群众不满，也影响着河内生物的正常生长。

7.1.2 河道修复的关键技术

在遵循自然规律的前提下，采用现有的河道生态修复治理技术，通过对采砂区域进行修复及跟踪，降低或消除非法采砂不良影响作用下的河段给流域环境造成的不良影响，恢复采砂河道生态系统稳定性，提升流域自然灾害抵御能力，保证采砂区域的河流循环自净以及再生效果。

采砂区域的河道，可以通过科技手段制作的柔性环保材料，用扣件的方式连接后形成河岸生态缓冲带及生态护岸，取代旧式的浆砌石、干砌石、混凝土等传统治理措施，不会对水质造成污染，对地质条件也没有过高的要求，同时在河岸生态缓冲带及生态护岸还可以种植各种植物，来进行生态修复处理，有效保持区域生态平衡。采砂河道治理修复技术应用路线如图 7.1 所示。

7.1.3 河道修复和水流态调节

河道水流在理想流量与流态条件下，能够实现自然的冲刷与沉降，维持相对合理与稳定的河道影响，并不会对流域造成过多的不良影响。而对于采砂区域的河道，受非法采砂与地质等多重因素的影响，其河流生态系统处于相对脆弱的条件之下。因此，通过调节河道水量、水流态等水力特

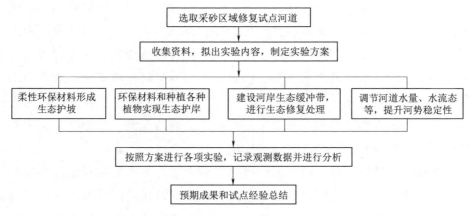

图 7.1 采砂河道治理修复技术应用路线

性能够一定程度上改善河道现状，提升生态环境稳定性。拓宽河床能够有效保留滩地卵石和水面宽度，选取适当区域修建堤坝，实现局部蓄水，降低干河床状态对河道的影响。同时，注意河流水源的获取，将自然水源与人工治理拓展相结合，使二者成为有机整体，维持河道水生生物群落的生物多样性。

河道的流态和河势稳定对防洪安全起到积极的推动作用。只有通过河道修复和科学的规划，并按照采砂规划进行合理的采砂，做到采砂和整治河道相结合，最后再进行必要的固岸和护岸工程处理，才能够保障河道行洪安全。

7.1.4 采砂河道生态护岸工程

采砂河道需要护岸工程进行多方案比较，择优采用。在护案结构的确定时，应遵循生态性与经济性兼顾的要求，尽量使用生态性能优异的生态护坡形式，保证其他生态修复技术能够更好的应用。采砂修复的河道也应该防止河道"渠道化"，即两岸防洪堤采用浆砌石或埋石混凝土挡墙，土工膜防渗等措施。应在流速小的河段采用土质边坡、生态边坡、砌条块石护坡（挡墙）等结构型式，这样有利于水生物生存栖息和环境美化。

对采砂区域河道的河道堤基抗冲刷能力差的处理技术，主要根据河道流速，采用冲刷公式计算冲刷深度，把基础埋入冲刷线以下。另外，可通过增加护脚的方式提升地基稳定性，目前最有效的方法是铺设土工布，采用格滨石笼镇压。

河岸生态缓冲带通常由生态修复河岸或生态人工驳岸构成，这类河岸水体渗透性较强，接近自然河岸形态，能够保证流域水体内部成分交换与自净功能的实现。现阶段，河岸生态缓冲带的构建主要通过铺垫扎捆植物、搭设护坡木桩和固定桩等，同时在护坡木桩与固定桩之间挖掘沟槽填充碎石形成缓冲区域。河岸生态缓冲带植物与碎石以及护桩之间的自然空隙，保证了河道水体的自然渗透交换，同时这一体系的构建稳定性也抑制了河道在冲刷作用下的损坏。生态缓冲带的内部空隙能够蓄涵水分，在一定程度上也能够起到调节旱涝的作用。

7.2 砂坑处理

采砂河道水生态综合整治是对河道遭受采砂破坏的河道功能、水环境进行修复。非法采砂的特征是无规划或不按规划实施，造成采砂坑位置不合理、形状不规则、深度大，严重者可使河道完全丧失其应有的形态。有的采砂坑深度可达 30m 以上，单坑容量可达数万立方米。

对于季节性河流来讲，假设在来水之前形成砂坑且坑内无水，当上游来水后，由于砂坑的出现，将引起河道纵坡面和横断面的调整。河道采砂作业将会引起局部水体的悬浮物浓度增加，影响水体的感官性状，对附近河段取水产生不利影响，在采砂过程中，由于泥沙中吸附的重金属解吸，也可能造成重金属的二次污染，采砂船的含油污水，生活污水和船舶垃圾的排放，会造成采砂区及其附近水域的水质污染。

采砂所造成河道的种种破坏，对河道整治和水生态修复带来困难。一方面是在小范围内难以实现对河道基本形态的恢复，另一方面对砂质河床难以形成稳定的基面，对水生态修复中的防渗带来困难。因此水环境综合整治的要点是对河道基本形态的恢复，其次是满足长期蓄水应采取的防渗措施。受不规则砂坑的影响，河道整治结合水生态环境修复、景观布局的要求，应从较大的范围内进行宏观规划，做好整体纵横断面的统一设计。

7.2.1 平衡河段整体土方

河道形态虽不要求断面宽度统一、纵坡一致，但也应考虑到不同形状断面形式的顺畅衔接，保障行洪时水流流态的合理分布，避免过度的不规则化带来工程防护的困难。

为满足上述要求，应从一个较适宜的河段范围内进行统一规划，在满足河道防洪基本要求的前提下对纵横断面进行整体布置。对于砂坑分布集中的河段，可考虑加大主槽断面，放缓纵坡，尽可能减少因为距离远而增加运土的投资。对于非砂坑河段，按照整治要求，其本身余方量较大，可采取适当加大纵坡，减少主槽宽度等措施减少过多的土方外调产生的投资。

7.2.2　砂坑填埋技术

砂坑填埋的理想压实状态是与天然砂床的密实度一致，从而可避免产生不均匀沉降问题。然而受各种因素影响，砂体碾压要求的施工工艺和技术相当严格，单方造价较高，施工过程难以控制。通常情况下应根据碾压设备的重量进行多组实验，从而确定分层厚度、碾压遍数、掺水量。其中一个重要环节是掺水，对于防止碾压层分散离析具有重要作用。

也有利用建筑垃圾填埋砂坑的实例，由于砖块、水泥块体较大，其内部的孔隙率过大，无法同时满足压实和密实的要求，长期蓄水或行洪时容易产生湿陷性塌坑、塌陷，形成大量渗透性通道，影响水环境治理的效果。实践证明，利用建筑垃圾填埋砂坑不适用于进行水生态环境的治理。

通过实践，在利用施工机械回填砂坑过程中，也可产生一定的压实效果，进一步辅以漫水压实的方法效果较为理想。为此可不必过于控制砂坑填埋过程中的压实度，而是利用大水漫灌的方式利用水的渗透力和压力实现砂体的自密实。每次灌水的水头不小于 1m，灌水和压水时间一星期左右，待水渗透完毕不再有明水情况下，隔 10 天左右再进行 1 至 2 次灌水，可有效保障回填砂体的密实度要求。这种施工工艺虽然灌水压水占用了一定时间，但由于不再要求对砂体分层碾压，因此总工期并不会延长。华北地区地下水埋深较大，利用灌水压水的渗透水量可有效改善地下水环境，补充地下水，并不会造成大量水资源的浪费。

7.2.3　防渗漏处理

水生态环境整治不同于一般的河道防洪工程，要求在满足防洪的前提下要满足在一定范围内长期蓄水的要求。对于华北地区河道长期干涸、地下水位不断降低、缺乏固定径流补充的情况下，需要对河道采取一定的防渗措施。

河道防渗的理想材料是黏性土，最接近于天然状态，无污染且效果持久。凡是取砂的河道均属于砂质河床，通常在短距离内难以找到适宜防渗的大量土料，特别是在目前对耕地保护日益强化的情况下大量取土不仅造价高，也难以实施。因此采取替代或部分替代的土工合成材料成为首选。

被填埋的砂坑易产生不均匀沉降，特别是在原有砂坑的边缘部位更易形成较为明显的沉降变形。防渗体必须由柔性材料组成以适应不均匀变形。通过研究，在对压水处理整治后的砂坑可按照砂壤土垫层加天然钠基膨润土防水毯，再加壤土保护层的组合防渗体，这样将具有较好的防渗能力、环保性能和适应不均匀变形的要求。垫层位于天然钠基膨润土防水毯下部，按照一般土方填筑的要求进行施工，层厚 20～30cm，表面无明显的硬块、树枝和其他可能对防水毯产生影响的东西。天然钠基膨润土防水毯采取质量不低于 $5000g/m^2$ 的规格，标准尺寸，搭接施工方式，搭接部位均匀撒上膨润土干粉，搭接宽度一般部位为 20cm，在易产生不均匀沉降的部位加大至 30～50cm。保护层采用渗透系数较小的壤土，层厚不小于 30cm，按照常规的土方填筑方式施工。为了防止对防水毯产生破坏，保护层必须倒推施工且与防水毯铺设尽可能同步，碾压设备不得直接作用于防水毯上。

对于行洪流速较大的河道，可在保护层上部再加防冲层。经实践，采用类似天然河道中的不同规格卵石效果最佳，既属于纯天然材料，又对水体具有净化作用。对于局部流速过大的部位可采取格宾护垫加强防冲效果，厚度一般为 30cm。对于上述组合防渗体还适用于一般水草的生长。植物根须穿过防水毯不会对其防渗性能产生影响。因此此种防渗体具有较好的生态效果。目前河道采砂有充足的法律法规可遵循，但采砂管理涉及多方利益，至今难以有效的协调，加强对河道采砂管理，充分利用有限资源，兴利除害是国民经济可持续利用发展的迫切需要。图 7.2 为采砂河道砂坑处理思路图。

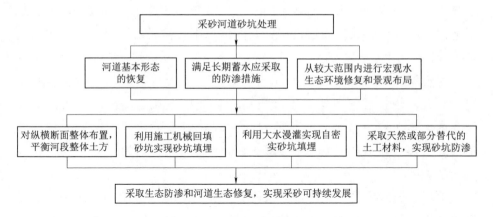

图 7.2 采砂河道砂坑处理思路图

7.3 河道疏浚及其监管

7.3.1 河道疏浚作用

1. 水生植物的恢复和保护

河道疏浚增加了疏浚区的深度，有效保护了岸上的水生植物和浮叶植物，在一定程度上改善了底栖水生生物的生境。河道疏浚还可以恢复和养护鱼类种群；同时，通过对上游城市污染源的控制，使上游和中游鱼群的生殖力得以提升，水草增长力变强，幼鱼的生存环境得以改善，其死亡率大大降低。在河中疏浚能清除一些鱼堤、壕沟坝、低圈围和废堤，不但有利于鱼类的栖息、生长及繁殖，更有利于人类赖以生存环境的改善。河道疏浚还能保护水鸟栖息地。疏浚后，能够加快水的循环以及利用，充分改善及保护水鸟栖息地的水质，同时也能提供优质的水产生存环境，确保水鸟的食物来源充足，同时也要提高河流净污能力，减少对环境的危害。

2. 河道疏浚对生态系统的恢复具有重要作用

疏浚清理河流，破坏湿地的阶段性蓄积，协调水中动植物的所需物质，提高水内生态系统的活力，降低土壤含水量和地下水位，为生态系统的建立创造有利环境，有效地控制生态系统平衡发展。

3. 效益分析

河道疏浚后，防洪综合治理工程竣工后，上下游防洪能力达到提高，形成相对完整的防洪体系，使整条河流处于最佳的泄洪状态，对保护两岸人民生命财产发挥作用，同时也极大地改善了两岸的生活环境，提高了人民生活水平和生活质量，与自然和谐发展，创造了蓝天、碧水、绿地。为建设适合劳动、商业、生活、旅游的生态园林城市迈出了重要的一步。

7.3.2　河道疏浚监管

近年来，人们对于河道疏浚的治理也集思广益总结了一些可行方案，这些方案本着可持续发展的思想，与一些研究者所倡导的"保持河流健康生活"的理念基本一致。从"河流和谐相处"的角度出发，建立了河流环境（河流、河床、生态系统）动态评价体系，作出了河流管理决策，并确定了相应的工程措施。

根据建设城市相关河流设施过程中要考虑防洪防灾，同时也要兼顾对下游水质保护以及地下水的补充。从江河防洪角度看，要处理好上下游、左岸和右岸、城乡、城乡滞洪区和保护区之间的关系；考虑城市河道工程对上下游洪水传播的影响；做好居民的搬迁和安全保护工作；制定合理的城乡防洪标准，规定超标准防洪措施。考虑投入和产出的好处。

河道疏浚对河流健康有一定的保护作用。健康的河流应该是适合自然发展的具有合理结构及合理规划的，同时在一定程度上避免对人或物造成不必要的损失，并显示一定程度的复原力。它直接关系到生态系统的稳定性可持续发展性，也可以有利保护物种的完整性，同时也与周围的自然景观和人类景观密切相关。它不仅是城市农业的主要来源，也是城市环境的重要组成部分。

7.3.3　河道疏浚和采砂的区别

河道疏浚可清除河道中的非法建筑，并对下游严重淤积地区疏浚。根据河道的走向和水流的特点，经常利用水流冲刷河道，并安排河岸段进行指导工程，以理顺河流生态恢复。而河道采砂是指在河道管理范围内从事采挖砂、石，取土和淘金（含淘取其他金属和非金属）等活动的总称。因此，河道采砂过程必须要进行有效地监督和管理，一定要防止打着河道疏浚的旗号来进行非法采砂的行为。

河流系统与周边城市的协调是实现资源安全、环境安全和经济安全的有机统一。河堤应兼顾洪水的需要和两岸人民的利益。因此，按照"筑堤、疏浚、治理、保护堤岸、恢复生态"的原则，应实施河道整治，堤防建设。根据防洪地段的防洪标准，对堤防建设实行统一规划和管理，提高上下河道的防洪能力。

在河道管理工作中，要在拦淤疏浚、稳定河道状况、恢复和加强洪水、排洪等自然功能的基础上，合理安排主要河道，实现防洪、安全、减灾。同时，要加强河道生态恢复，改善水环境，适应河道的自然、安全、生态、欣赏和亲水性的要求，体现与自然和谐的治水理念，实现河道在水质、流畅性、沿河绿地和景观等方面的和谐，实现经济发展，生态环境与社会效益，并最大限度地扩大综合效益。

7.4 河流生态修复

由于河道泥沙对水体污染物具有吸附和解吸的两重性，因此我们可以利用河道泥沙来进行河流生态修复，即利用河道较细小的泥沙来吸附水体污染物并进行转移。但同时我们也要防止在河道采砂过程中，水体污染物被河道泥沙解吸而造成河道水体的二次污染。大多数污染物被河道泥沙吸附后在河道底部淤积，从而减少赋存于河流中的污染物含量，达到净化效果。如果在河道进行采砂活动，将使得水流流速、化学及动力条件发生变化，造成河道泥沙颗粒表面上附着的污染物再次解吸而悬浮，从而导致河道水体的二次污染。以下内容将从河道泥沙对水体中磷、重金属、有毒物质、氨氮等方面对水环境污染进行阐述。

7.4.1 泥沙对磷的迁移

河流中的磷主要是吸附于泥沙表面的颗粒态形式，并随水环境条件的改变在水和沙两态间迁移和转化。大量实验表明，泥沙颗粒物吸附磷的动态平衡所需时间极短。河流泥沙对磷的迁移转化影响随泥沙颗粒的粒径越小而迁移转化越强；且随着含沙量的增长，平衡时泥沙吸附磷的容量呈指数降低趋势，但泥沙的均衡吸附量与含沙量成正相关关系；同时，到达平衡时泥沙吸附磷的容量随水体中磷初始浓度的增长呈现出指数增长趋势，而其增长程度受限于泥沙的吸附容量。

因此，在河道采砂工程中，若水样中泥沙的含量上升或者水沙失去平衡时，水相中溶解态磷的比重将呈增长趋势。河道泥沙对磷完成解吸过程，将造成河道泥沙颗粒表面上附着的磷变成溶解态磷，导致河道水体的溶解态磷增多而发生二次污染。

7.4.2　泥沙对微生物的影响

营养性污染物在水砂输移过程中是物理、化学与生物多方面综合的转移过程。试验表明，少量泥沙在某些程度上有利于藻类繁殖与成长；但是，悬浮泥沙也能够削落水体透明度，并影响水体溶氧条件，从而干扰水样中藻类的光合作用。泥沙还对藻类生长环境的 pH 值、氮、磷等产生作用，从而干扰微生物中酶的活性，进一步对其吸收与代谢营养物质的过程造成干扰。此外，泥沙的存在还可能改变水体中营养物质的可给性与有害物质的毒性，从而对藻类的滋生与成长造成干扰。

由于采砂过程中，使得水沙两相态失去平衡，造成水体中泥沙等悬浮颗粒物的增多，水体透明度变化，对下游河流水体中浮游藻类的光合作用造成干扰，从而降低下游河流的水质。

7.4.3　泥沙对重金属及有毒物质的迁移

自然河道水体中重金属含量决定于泥沙含量，且和泥沙自身的颗粒级配具有紧密联系。河道水体中大量重金属污染物都将泥沙作为载体进行迁移转化。此外试验研究还发现，泥沙对重金属的吸附容量随着泥沙颗粒物粒度的增长而呈降低趋势。河道采砂会影响水样中泥沙的含量上升，水相中重金属的比重将呈增长趋势。河道泥沙对重金属的完成解吸过程，导致下游河道水体的重金属增多而发生二次污染。

7.4.4　泥沙对氨氮污染物降解

泥沙颗粒及其吸附作用保证了微生物具有一定的生存区域。而多种微生物和硝化细菌等又有利于氨氮等污染物的降解。氨氮的降解速度与泥沙含量呈正相关。采砂过程使得水沙两相态失去平衡，造成水体中氨氮的降解速度增快，从而使下游河流水体中氨氮含量增多。

由于水沙两相态失去平衡，随着泥沙含量增长，氨氮值也将有一定的增长趋势。且在含沙量一定的情况下，小颗粒泥沙表面吸附的微生物与水体中氨氮污染物相互作用的机会增大，因此水环境中氨氮含量将也会随采砂过程中泥沙粒径的减小反而增多。

7.4.5　泥沙对水质监测的影响

泥沙对水质监测结果的影响主要体现在其对水样浊度的提高，及对化学需氧量值的监测影响。泥沙外部吸附的有机物降解时需要的溶解氧量与泥沙含量呈正相关关系，从而也会造成被监测水样中的生化需氧量值随着泥沙含量的增长而提高。

水环境系统中采砂过程将导致污染物的解吸，同时还能在污染物的迁移转化及其生物效应方面发挥作用。泥沙与河道污染物存在相互作用。因此，开展采砂过程水环境污染研究，能够客观评价采砂河道下游水环境质量及预估水污染自净能力，这对河流水环境质量评价、水资源控制管理与采砂规划等工作具有重大的意义。

7.4.6　采砂河道的生态修复技术

采砂河道的水生态修复技术就是运用生态的技术方法不断降低污染物，同时还可以使河道提高污染修复的自净能力。采砂河道的水生态修复技术具有造价低和成效快等特点。下面将介绍几种主要的采砂河道的水生态修复技术。

1. 微生物强化技术

微生物强化技术是在河道中加入经过专门的培育和筛选的微生物菌种来作为促生剂。这种促生剂可加快河道中有害物质的分解和转化为无害物质，促进河道中自净化能力；又反过来促进河道中原有微生物的生长，提高河道的污染物降解功能。

2. 水生植物净化

水生植物净化的方法是利用水生植物吸收和降解污染物从而达到净化河道的目的。但水生植物是有一定的承载限度的，如果在采砂过程中水质污染严重，将超过水生植物所能承担的极限，就不利于水生植物的生长。因此，采砂河道运用此方法必须在水体污染不太严重的情况下进行。

3. 建造人工湿地

采砂河道建立人工湿地要具体到不同的河道状况和地形走势等来建

造。一般是在采砂河道适当的水位线上方建造人工生态湿地。人工生态湿地不仅可以处理采砂带来的污染问题，而且同时还具有保护生态环境的作用。采砂河道建立由基质、植物和微生物组成的生态修复系统，使有害物质吸附在植物附近，进行污染物的降解，最终由植物将污染物吸收并进行降解净化。

4. 完善生态环境完整性

采砂河道的生态环境完整性主要体现在两个方面。一个方面是采砂河道内水体的生态环境完整性，即需要在采砂河道中建立一个适合微生物生长的环境，同时投入鱼虾蟹等水生动物，从而在采砂河道中构建出一个完整的水生食物链，达到净化水质的作用。另一个方面是采砂河道两旁岸边的生态环境完整性，即在采砂河道两旁栽种柳树等能够护岸的植物，防止河床以及护岸硬化，维持河道自身的弯曲流态。

除以上几种方法外，采砂河道修复还应禁止河砂的乱采盗采，应当有序按照计划进行；对于群众的采砂行为应当及时劝阻，同时加大宣传乱采砂带来的不良后果，以提高人们的保护意识。采砂河道生态修复技术和方法如图 7.3 所示。

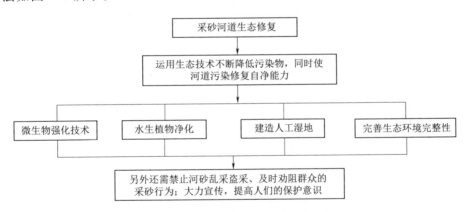

图 7.3 采砂河道生态修复技术和方法

综上所述，采砂河道的修复是一项非常重要而且艰巨的工程。将生态修复技术应用到采砂河道修复中，不断研究新的生态修复技术，在具体污染的基础上有针对性地进行修复治理，改善采砂河道的水生态，增强河道水资源的自净能力，保持采砂河道水流量的稳定性和水生植物的多样性。

7.5　本章小结

　　本章主要讲解了采砂河道的水生态修复，首先讲解了河流泥沙对水环境的作用，并阐述了河道疏浚与河道治理中的生态修复技术；最后对河道非法采砂形成的砂坑进行处理和修复等。采砂河道的水生态修复应按照"谁开采，谁清理，谁修复""边开采，边修复"和"政府兜底修复"三个原则修复河湖生态。河道采砂和水生态修复应该纳入河长制考核体系，落实河长制、湖长制的河湖管理保护责任，提高采砂管理成效，进一步提升河流水生态修复功能。

第 8 章

河道采砂监管系统设计应用案例

河道砂石资源的合理开采有利于经济建设。但非法采砂又会严重影响采砂河段的防洪安全、船舶航行安全及生态环境等。河道违规采砂作业具有很大的流动性和隐蔽性。为及时掌握河道采砂情况，防止采砂对航道造成破坏，就需要对采砂作业的相关河道实行有效的监测和管理。

多年来，非法无序采砂现象在淮河流域部分地区不同程度存在，有的地方愈演愈烈，甚至出现滥采乱挖的混乱局面。淮河流域采砂不仅需要强监管，而且还需要大力推进生态文明建设。本章将介绍一个河道采砂监管系统的案例设计，将应用于淮河流域的一个试点县境内。该平台依托于先进的移动互联网平台，实现了对河道砂石勘测、规划、审批、开采、存储、销售、运输、使用、修复九大关键环节全生态链的网络化、数字化和智能化监管。

8.1 河道采砂管理现状

该试点位于河南省的东南部，信阳市中部，南依大别山，北临淮河，地处豫、鄂、皖三省的连接地带，地处东经 114°53′～115°21′、北纬 31°52′～32°22′之间。全县辖 17 个乡镇、4 个办事处和 1 个国有农场，总人口 88.24 万人，总面积 1666.1km²。该试点县自然资源丰富，产业特色突出，主要支柱产业和特色优势产业有鸭、花、鳖、猪、羽毛、水产和优质粮油等，素有中国"优质糯米之乡"、豫东南"小苏州"和"鱼米之乡"美称。

试点县是全国生态建设示范县、全国花木生产基地县、全国肉类产量百强县、全国基本农田保护示范县、全省畜牧重点县、全省渔业重点县、全省粮食生产先进县、全省生猪出口基地县、全省 26 个推进城镇化重点县（市）和首批 23 个对外开放重点县（市）之一、全省 35 个扩权县（市）之一，2005 年又被省委、省政府列入"十一五"发展成为具有区域性影响力的中等城市的 6 个县（市）之一。

该试点境内河道砂石资源丰富，主要集中分布于该试点县境内的淮河、潢河和白露河上，（易）盗挖河砂地点范围大、分布广。其中，白露河该试点县境内全长 65km，全河段弯道 50 处，（易）盗挖河砂地点 40 处；淮河该试点县境内全长 38.37km，全河段弯道 17 处，（易）盗挖河砂地点 18 处；该试点县境内全长 56km，全河段弯道 33 处，（易）盗挖河砂地点 46 处。该试点县砂石生产、销售、财务以及磅房数据统计方面管理混乱，砂场每天车辆多、人员结构复杂、地磅数量多、过磅量大，人工管理成本高。该试点县储砂点整体呈现出"多、散、乱"的特点，集约化程度不高，管理部门人员数量较少，很难实现对区域的全面管理，单纯依靠人力打击辖区非法采砂活动存在现实困难。

8.2 采砂监管大数据平台

针对该试点河道采砂监管的现状，结合华北水利水电大学在河长制及信息化领域的综合优势，水利大数据分析与应用河南省工程实验室作为研究主体负责专题研究，以采砂全流程监管的理念研发了河道采砂监管大数据平台，最终由郑州华水信息技术有限公司负责项目实施。

河道采砂监管大数据平台依托于先进的移动互联网平台，借助互联网、云计算、智能分析、视频监控、GPS 定位、传感器和 RFID 射频识别等技术充分实现互联网在资源配置过程中的集成和优化作用，实现了对河道砂石勘测、规划、审批、开采、存储、销售、运输、使用、修复九大关键环节全生态链的网络化、数字化和智能化监管。河道采砂监管大数据平台采砂全流程监管与采砂规划审批监管如图 8.1、图 8.2 所示。

图 8.1　河道采砂监管大数据平台采砂全流程监管

图 8.2　河道采砂监管大数据平台采砂规划审批

8.3　采砂监管智慧应用

8.3.1　采砂监管视频系统

采砂监管视频分析系统是在（易）盗挖河砂地点安装智能水利监测

仪，采集系统主要实现视频数据、监测数据的采集与上传，配合前端水利设备的视频行为分析功能，如图 8.3 所示，可以实现水位监测、闸门状态监测、河道漂浮物监测、河岸垃圾监测、盗采河沙监测等功能。

图 8.3　采砂监管视频分析系统

8.3.2　采砂 AI 智能分析

AI 智能视频分析技术是实现"视频创造价值"（从大量视频资源中挖掘有价值的东西）的重要手段。从概念来讲，视频行为分析技术是对采集到的视频上的行动物体进行分析，判断出物体的行为轨迹、目标形态变化，并通过设置一定的条件和规则，判定异常行为，它糅合了图像处理技术、计算机视觉技术、计算机图形学、人工智能、图像分析等多项技术。

智能视频分析技术源自计算机视觉技术，它能够在图像及图像描述之间建立映射关系，从而使计算机能够通过数字图像处理和分析来理解视频画面中的内容。河道采砂监管大数据平台中 AI 智能视频分析系统如图 8.4 所示。

如果将摄像机看作人的眼睛，智能视频系统则可看作人的大脑，相对于硬件而言，软件的地位尤为重要。作为一项被誉为引领监控革命的技术，它改变了两种状况。一是将监控人员从烦琐而枯燥的"盯屏幕"中解脱出来，由计算机来完成这部分工作；二是在海量的视频数据中快速搜索到想要找的图像。并且可以在降低工作人员劳动强度的同时，实现移动侦测、物体追踪、面部/车牌识别、人流统计等功能。在很大程度上具备先

图8.4 AI智能视频分析系统

知先觉的预警功能，提高报警的精确度，节省网络传输带宽，有效扩展视频资源用途。河道采砂监管大数据平台中采砂监管视频监控系统建设效果图如图8.5所示。

图8.5 采砂监管视频监控系统建设效果图

8.3.3　智慧砂石营销管理系统

1. 系统功能

智慧砂石营销管理系统是以河长制研究为背景，对试点县成品砂石销售管理现状进行深入调研与需求分析，为解决成品砂石交易监管现状研发本系统。本系统包括的功能有录入购买合同详情、进行车辆智能化管理、空车过磅称重、装砂过磅称重等。

（1）录入购买合同详情。买方与砂石公司签订购买合同，购买合同详情（如买方基本信息、买方车辆车牌号、河砂单价、购买河砂总量等）录入主机数据库。智慧砂石营销客户管理系统如图 8.6 所示。

图 8.6　智慧砂石营销管理系统

（2）进行车辆智能化管理。车辆智能化管理系统（图 8.7）对所有准许经营砂石运输的车辆进行智能化管理，要求每一辆进场运载的车辆配发一张专用 RFID 标签和载重系统，该专用标签存有运输车车主姓名、皮重/车牌号/材料类型/净重/装货地点/目的地/打印时间年月日等信息。在运输的路线中设置两个 RFID 识别点，并在加工区地磅进出方向的唯一路口设置道闸，系统自动判定道闸开闭，防止工作人员串通操作。

（3）空车过磅称重。贴有 RFID 准入标签的车辆可将运输车驶入加工厂磅房地磅通道进行称重，安在道口的车辆检测器感应有车驶入，将信号传给前方道闸，道闸立即关闭，同时要求称重仪和读写器开始工作。空车过磅称重系统如图 8.8 所示。

（4）装砂过磅称重。运输车装砂后需再次驶入地磅道进行称重，安在

图 8.7　车辆智能化管理系统

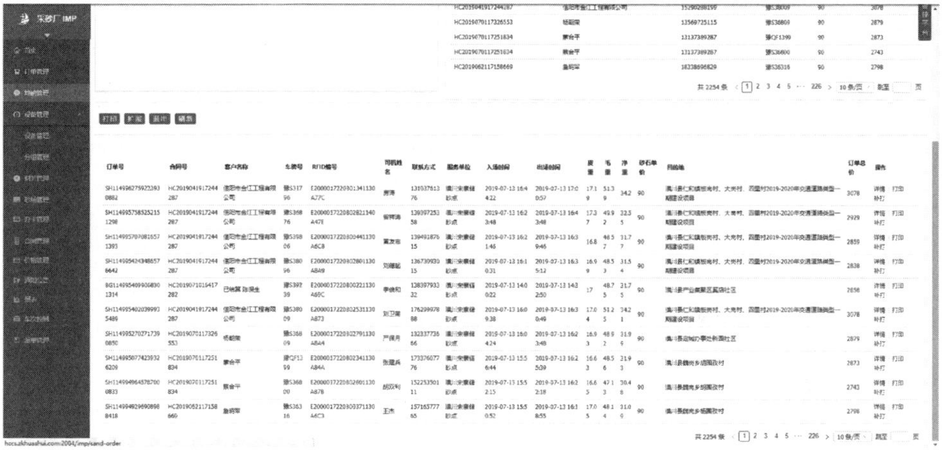

图 8.8　空车过磅称重系统

道口的车辆检测器感应有车驶入，将信号传给前方道闸，同时要求称重仪和读写器开始工作。当车辆检测器检查车辆完全上磅且 RFID 标签被读写器读到后，读写器将该车的信息传送给主机，指令电子衡开始传送该车重量信息，同时摄像机抓拍车辆图像。当主机收到 RFID 卡号和重量信息后，准确记录和完成计算，当结算系统反馈扣费完成通知后，打出指令打开道闸，运输车驶离地磅。装砂过磅称重系统如图 8.9 所示。

（5）视频监控。在车辆进出场口安全视频监控前端，对出入口实行 24 小时监控。

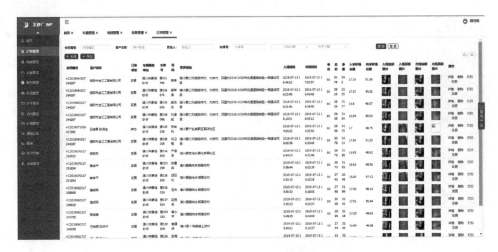

图 8.9　装砂过磅称重系统

2. 系统特点

（1）过磅智能化。大量的砂石运输车辆进出，需要进行停车、登记、称重等程序，本系统采用当前较为前沿的 RFID 电子车辆识别技术，通过先进的智能化过磅衡重管理系统，较大限度地解放人工、规范操作流程、提高工作效率，有效杜绝人为误差，防止作弊等情况的发生。地磅器输出的称重数据和安装在运输车上的电子标签卡号，通过相关设备处理后，传给计算机。计算机显示这部车所拉载的货物重量，并存储在计算机的数据库中。用户可根据需要进行查询、汇总、打印等操作，从而实现了信息采集自动化。

（2）产销一体化。实现以销定产、以产定销等经营模式，根据订单、产能和销售预测来选择生产路线；安排生产计划、优化库存结构；提供准确的生产进度、完工情况信息，提供人员、关键设备、部门等资源信息，提供准确的库存管理记录。

（3）成本精细化。成本的动态化管理、精细化管理；强调与业务管理的集成，强调成本信息与销售信息的同步和实时性；加强成本计划，强调成本监控，支持分析优化；财务系统同步企业和生产系统资金使用信息，随时控制和指导经营生产活动，为生产控制和管理决策提供依据。

（4）流程一体化。再造企业的基本流程，销售与开采相衔接，使砂石销售、开采的实时数据及历史数据无缝集成到上层信息化系统中，使上层管理人员可通过图表、报警等机制实时了解到销售、开采状况。

（5）资料协同化。关注资源的协同管理：生产管理，对企业的有限资源进行合理配置；业务计划、中长期以及短期计划的集成与协同管理；提高设备利用率和劳动生产率，对变化的市场能够及时反应，满足客户多样化的需求。

（6）财务集中化。快捷顺畅的结算管理、集中的会计核算、严格的资金管理，要求资金必须统一核算、管理、集中调度。

（7）管控一体化。以数据、文字、画面、图表等手段的整合，实现管理信息化与生产自动化控制、过程监视和基础自动化控制相结合，实现管理与控制一体化联动。

（8）避免人为操作的漏洞。由于采取了自动读取数据的方式，所有过衡车辆均由计算机自动计录，免除了人工干预，自动记录数据，自动核放，避免出现砂石销售数据不匹配的问题。缩短各个操作环节的操作时间，提高计量系统的接卸能力，减轻劳动强度，节省人力成本。

依据砂石营销管理系统要求与特点，砂场建设效果图分别如图 8.10 和图 8.11 所示。

图 8.10　砂场建设效果图 1

8.3.4　智慧砂石监管系统

智慧砂石监管系统是以河长制研究为背景，对试点县河道砂石监管现状进行深入调研与需求分析，针对河道砂石无序、超采、乱采和盗采等现状，为确保河道采砂行业管理秩序稳定、局势可控、有效遏制非法采砂

图 8.11 砂场建设效果图 2

行为，水利大数据分析与应用河南省工程实验室在先进的监控技术和网络技术基础上研发本监管系统。本系统包括以下功能：在（易）盗挖河砂地点安装水利影像监测仪，基于影像智能识别盗采河砂行为；划定电子围栏规范开采区域，防止采砂作业超时段、超区域；指定原料运输路径，实时监控原料运输车辆的作业运行轨迹；利用运输车辆预先安装的GPS定位系统和载重系统联合预警，防止中途卸载。

1. 智能识别盗采河砂行为

在（易）盗挖河砂地点安装水利影像监测仪，基于影像智能识别盗采河砂行为。水利前端对河道实时监测，当发现有车辆船只通过禁行区域时，会触发水利前端的报警，分析仪对画面进行实时抓拍，并将报警信息和抓拍图片上传至管理平台，为管理人员提供有力证据。智能前端设备内置扬声器并支持外接拾音器，可对现场声音进行收集，同时具备语音对讲功能。

2. 开采区电子围栏

划定电子围栏规范开采区域（图 8.12），在采砂机械上安装 GPS 前端定位并在开采区域安装视频监控前端，实时监控采砂机械的作业运行轨迹，防止采砂作业超时段、超区域。

3. 车辆实时监控

（1）指定原料运输路径，在原料运输车辆上安装 GPS 前端定位并在运输路径安装视频监控前端，实时监控原料运输车辆的作业运行轨迹。

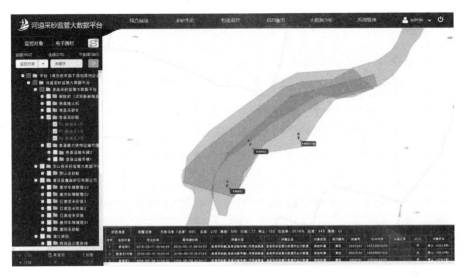

图 8.12　开采区电子围栏

（2）利用运输车辆预先安装的 GPS 定位系统和载重系统联合预警。

系统预先设定采砂场至加工厂的运输时间，车载 GPS 将实时定位并记录行车位置和轨迹，超过设定时间限制将触发报警系统，提示运输时间超时。运用载重系统实时监测运输车辆装载的重量并在系统中记录行程曲线轨迹，如果所载重量低于系统设置的值，将存在中途卸载风险，将触发报警系统报警。车辆实时监控效果图如图 8.13 所示。

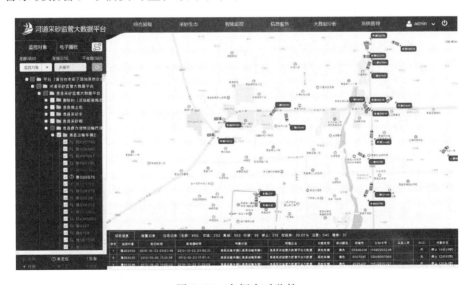

图 8.13　车辆实时监控

4. 视频监控

在生产厂区、储砂仓库安装视频监控前端对其 24h 监控。

5. 智慧砂石监管系统特点

（1）图侦智能化。在（易）盗挖河砂河段或敏感河段安装智能水利影像监测仪，对水面（河岸）实时监测，当发现有船只（车辆）通过禁行区域时，会触发水利前端的报警，分析仪对画面进行实时抓拍，并将报警信息和抓拍图片上传至管理平台，为管理人员提供有力证据。

（2）警告智能化。智能水利影像监测仪内置扬声器并支持外接拾音器，可对现场声音进行收集，同时具备语音对讲功能。前端设备内置有警告语音，在检测到有非法船只（车辆）闯入禁区时进行预警，同时播报预先设置好的语音警告进行驱赶，播报的语音内容可由用户进行自定义录制，具备较好的灵活性。

（3）定位智能化。在采砂船及运砂车辆安装 GPS 设备实时监控目标的行为轨迹，后端平台对前端 GPS 信号进行分析处理，判断目标是否在合法采砂区域、运输区域、划定的路线中作业，若目标超出规划区域将根据告警规则对目标异常情况及时向前端发送信号进行报警。其功能还包括实时位置监控、历史轨迹回放等。

8.3.5　惠民砂石电商系统

1. 系统功能

优惠购砂政策惠及试点县所有居民，提升了群众的认可度，降低了建房和装修等建设成本，但是群众每次购砂都需要到公司签订合同，缴纳预付款，在用砂结束后，还要到公司结算余额，同时还有审批材料不齐全等问题，导致一次购砂群众需要往公司跑很多趟的情况，不仅增加了办公人员的工作压力，还造成服务效率低下，群众体验差等问题。水利大数据分析与应用河南省工程实验室的电商营销系统立足于用户体验，解决试点县群众购砂的问题，通过在线购砂、在线支付和结算、订单跟踪、线上签收等功能，实现全面信息化管理，使购砂成为一个随时随地都能完成的操作。

系统功能包括用户管理、合同管理、订单管理、物流管理、财务管理、审批管理、报表管理、砂场管理、商品管理、广告管理、内容管理、意见管理、短信管理等模块。

2. 系统特点

（1）整合性。将企业的商品、订单、客户信息整合，比传统单一的系统更具功能性。

（2）数据存储集中。将原先分散的数据整合起来，使数据得以一致性，并提升其准确性。

（3）便捷性。通过系统应用，客户随时随地下单，企业立即获取信息安排车辆运送。

（4）提升运行效率。售砂系统使整个企业内部协作更紧密，部门作业更流畅，提升运营效率。

惠民平价砂石电商系统操作界面如图 8.14 所示。

8.3.6　采购竞价系统

1. 系统功能

随着砂石监管系统和砂石销售管理系统的建设，试点县已充分享受信息化管理带来的好处，业务全面有序的进行，每日售砂量基本稳定在 3000 吨。政府工作重心从监管向惠民转移，试点县开始实施惠民购砂政策，向装修、自建房等群众小户提供优惠购砂制度，而群众小户购砂普遍没有运输车辆、缺乏有效的运输渠道，为解决运输问题，同时避免运输垄断，扶持县内各物流公司业务健康发展，水利大数据分析与应用河南省工程实验室为试点县设计了招采竞价管理系统（图 8.15）。

本系统是针对砂石企业项目招采竞价的信息化管理系统，支持批量发布竞价招标，自动化管理公告发布，

图 8.14　惠民平价砂石电商系统

短信实时通知，同时需多级部门审核，保证了竞价项目的合规性。供应商在线参与投标报价，代替线下冗杂的操作，数据全部信息化管理，项目合规、数据准确、管理便捷、运行高效迅捷。

系统配备严密的竞价流程，编辑招标、部门审核、发布公告、供应商报价、封标评标、稽核部稽查、中标公告。企业内部发布竞价招标，多级审批，智能发布公告，防止人为操纵，使企业招标透明、严格、合规。

2. 系统特点

（1）实现快速发布竞价项目，集成基础数据，1分钟即可完成发布。

（2）实现多级审核，建立审批机制，多级审核联动，内部管理高效协作。

（3）实现稽核介入，保证竞价公平、公正、透明。

（4）实现短信消息通知，一键通知竞价商，竞价速度效率大大提高。

（5）实现竞价商快速报价，一人一账号，快速报价，系统智能推荐最优竞价商。

（6）实现竞价全流程线上化，资料数据准确无误，易查询、易保存。

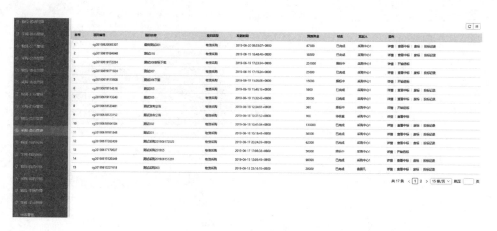

图 8.15　售砂竞价管理系统

8.4　河道采砂监管成效

试点县采砂监管视频监控系统涉及白露河、淮河和潢河。2019 年，为巩固河道采砂治理整顿成果，建立长效监管机制，按照省、市部署，试点县县委、县政府认真落实"河长＋警长""人防＋技防"工作机制。县财政投资 400 万元，依托华北水利水电大学，以"智慧河砂"为主要内容，建立河长制视频监控平台，对重点河段设立电子围栏，通过大数据分析和人工智能技术，对盗采河砂船只、机械、人员进行图像提取分析，实行自动报警。县水利局成立视频监控中心，实行 24 小时轮流值班，成立河砂综合执法中队，县视频监控中心对发现的问题，及时向执法中队下达指令，第一时间赶赴现场调查处理。形成"依法、规范、科学、有序"的河砂开采局面。

县水利部门认真落实《河南省河道采砂现场管理暂行规定》，在现场制作河道采砂公示牌，对采砂点埋设开采界桩，对禁采区在明显的位置设立标识牌。组织管理人员，进行驻点监督，如实记录现场情况。试点县城投建材有限公司投资建设砂石营销管理系统和智慧砂石监管系统，包括视频监控系统、销售称重查询系统、电子围栏及运砂车定位系统，实现"专车专运、专路线运输销售"，所有运输车辆采取车厢密封措施，形成了"统一规划、统一管理、统一票证、统一纳税"的企业管理模式，有效稳定了试点县砂石市场价格，成为助推试点县经济发展的有力臂膀。

采购竞价系统，是采购方式和招标技术以及现代互联网信息技术的有机结合。竞价时，由砂石企业发布竞价标书，事先约定最低价中标，并主持整个竞价过程。经过砂石企业资格预审合格的供应商，根据运输总量和运输距离在封标之前上报运输单价，供应商在封标之前可以任意修改报价，符合预设中标条件的供应商最终中标。中标结果公示后供应商可以查到中标结果和各供应商的报价，如有异议可以及时向砂石企业提出申诉。采购竞价系统的上线节约了砂石企业的人力、物力、财力，同时避免运输垄断，扶持县内各物流公司业务健康发展，使广大购砂群众用最低的价格享受到最优的运输服务。

智慧砂石电商系统是为砂石营销管理企业专业定制的一款电商系统，基于砂石企业的自身特性，将销售线上化，极大地提升了购砂、售砂的便捷性，提高企业运行效率，降低人工成本。系统支持用户在线随时随地购砂，通过系统数据处理，将供需双方需求快速匹配，一键派车，每笔订单实时结算，保证了整个销售体系的准确性和实时性。智慧砂石电商系统上线后极大地方便群众购砂，节省了购砂时间，简化购砂审批流程，深受广大群众好评。

8.5 应用案例启示

1. 明确河砂所有权及管理主体

河砂作为河道自然资源，所属权应归为国有。可将河道砂石权属主体设在县一级政府上，即以县级政府作为河道砂石收益权的主体，同时也是河道采砂管理的主体。自然资源属性部分，可由自然资源部门组织勘察、登记。河道砂石的处分权归河道管理机关，由其对河道进行采砂实行统一管理，包括制定河道采砂规划、颁发河道采砂许可证、制定采砂收益分成规则，以及有关组织、协调、监督和指导工作。要大胆借鉴各地成功经验，实施河道砂石资源经营国有化为主体的改革，坚决遏制河道采砂乱象。

2. 实行砂石资源国有化统一管理模式

试点县委、县政府积极借鉴各地河砂治管的先进经验，结合试点县实际，及时、科学地制定出"五统一"的管理运作模式，即将河砂资源全部收归国有，统一规划、统一开采、统一运输、统一销售、统一管理。根据《河南省河道采砂管理办法》，将全县河砂资源的开采与经营授权给县建投公司（国有全资公司）；成立由县长任组长的试点县河砂资源管理综合整治领导小组办公室，下设一办四组，包括办公室、规划许可组、生产经营组、监督管理组、依法整治组，明确各成员单位的职责任务，把河砂资源管理和河道综合治理相结合，形成河砂管理"统一组织协调、部门各司其职、监督管理到位、生产运营规范"的工作格局。

3. 形成合理的利益分配机制

河道采砂利益分配应兼顾国家、地方政府、沿河居民与企业几方面的利益。河道砂石收益权属原则上由沿河市县共有，并由河道管理机关负责制定砂石出让收益分配方案，以及河道采砂实行许可制度，河道采砂管理实行地方人民政府行政首长负责制。

河道中砂石资源归国家所有，对其加以科学规划利用也不能让国家利益受到损失；河道管理的责任在地方政府，管理成本是需要地方政府承担的，使地方财政得到一定程度的补充，也有利于调动地方政府加大管理投入，加强管理力度的积极性；需充分考虑沿河居民的相关利益，确保社会安定；采砂企业的赢利空间也是必定要考虑的。建议采砂企业设立采砂发展基金，用于沿河居民的生产生活环境改善，减少社会矛盾，维护社会稳定。

4. 加强采砂规划和环评

河道采砂规划要按照《河道采砂规划编制规程》相关要求进行编制。落实保护优先、绿色发展的要求，坚持统筹兼顾、科学论证，确保河势稳定、防洪安全、通航安全、生态安全和重要基础设施安全，严格规定禁采期，划定禁采区、可采区，合理确定可采区采砂总量、年度开采总量、可采范围与高程、采砂船舶和机具数量与功率要求。采砂规划要按照水利规划环境影响评价的有关要求，编写环境影响篇章或说明。

5. 加强信息化建设，提升整体技防水平

以习近平总书记生态文明思想的理念指导各地政府在河道采砂管理，坚持人与自然和谐共生的基本方略，牢固树立"绿水青山就是金山银山"的发展理念，以保护为主、以开采为辅，在保护好生态的前提下，科学、合理、有序开采。各地统筹管理，吸纳各方力量，整合建设开放式的河道采砂监管大数据平台，对"勘测、规划、审批、开采、仓储、销售、运输、使用、修复"九个关键环节和"采砂业主、采砂船舶和机具、堆砂场、运输工具、使用单位"五个关键要素进行全流程的监管，加强对用砂企业的合法砂源监管。大力推进 GIS 技术、卫星定位技术、物联网、图像识别、无人机、无人船等技术在河道采砂过程中的应用，大力开展河道采砂监控，逐步实现河道视频监控无死角，砂石开采严格限域限量限时，提高采砂管理执法响应能力。

8.6　本章小结

本章对采砂监管信息化系统研究和设计进行了实践，构建了试点县河道采砂监管信息系统设计案例。基于对河道砂石监管现状进行深入调研与需求分析，针对河道砂石无序、超采、乱采和盗采等现状，为确保河道采砂行业管理秩序稳定、局势可控、有效遏制非法采砂行为，结合大数据、物联网、模型知识库等技术研发的开放式河道采砂监管平台，通过前端设备与后端平台的整体配合，实现前端设备主动采集信息，配合后端平台的智能计算、分析等功能，实时准确地向平台传输河道岸情、采砂船、运砂车辆等来往详情，实施监管砂石经营企业开发、销售、运输等数据，杜绝了目前河道采砂监管工作中的一些监管盲点，更好地服务于政府、采砂企业和社会公众，以实现实时监管河道砂石勘测、规划、审批、开采、仓储、销售、运输、使用、修复等环节的目的。

参 考 文 献

［1］ 寇继虹. 我国水利信息化建设现状及趋势 ［J］. 科技情报开发与经济，2007，17
（1）：89 - 90.

［2］ 贾琳娜. 基于物联网的水情测报系统 ［D］. 太原：太原理工大学，2016.

［3］ 沈中心，李生，董政. 水质监测标准与方法探究 ［J］. 环境与发展，2013，25
（10）：87 - 88.

［4］ 肖秋香. 地表水水质监测现状及对策分析 ［J］. 农村经济与科技，2016，27（8）：5 - 6.

［5］ 莫莉，陈丽华. 地表水水质监测指标体系现状综述 ［J］. 南昌工程学院学报，2014，
33（4）：71 - 73.

［6］ 杨晓华. 基于 WEB 的水库水情自动测报系统的研究与设计 ［D］. 泰安：山东农业
大学，2012.

［7］ 李渭新. 水情自动测报系统的研究与应用 ［D］. 成都：四川大学，2002.

［8］ 古天祥，王厚军，习友宝. 电子测量原理 ［M］. 北京：机械工业出版社，2006.

［9］ 王化祥，张淑英. 传感器原理及应用 ［M］. 北京：化学工业出版社，2007.

［10］ 胡向东，唐贤伦，胡蓉. 现代检测技术与系统 ［M］. 北京：机械工业出版社，2015.

［11］ 钱爱玲，钱显毅. 传感器原理与检测技术 ［M］. 2 版. 北京：机械工业出版
社，2015.

［12］ 姚建铨. 物联网与智慧城市的关系 ［J］. 枣庄学院学报，2013，30（2）：1 - 4.

［13］ 孙鹏. 动车组维修物联网及其关键技术研究 ［D］. 北京：中国铁道科学研究
院，2013.

［14］ 高川翔. 面向智能家居的物联网体系结构研究 ［J］. 信息系统工程，2014（9）：21 - 22.

［15］ E. Welbourne, L. Battle, G. Cole, et al. Building the internet of things using RFID:
the RFID ecosystem experience ［J］. IEEE Internet Computing，2009（3）：48 - 55 .

［16］ 李修福. 智慧旅游初步研究 ［D］. 南京：东南大学，2012.

［17］ 廖伟. 物联网发展指数及其评价体系研究 ［D］. 北京：北京交通大学，2014.

［18］ 吴虹. 水资源的刑事立法保护研究 ［D］. 太原：山西财经大学，2008.

［19］ 王行伟. 我国水资源状况不容乐观 ［J］. 党政干部学刊，2001（9）：47.

［20］ 徐达. 浅析水资源可持续利用与发展 ［J］. 乡村科技，2014（6）：91 - 92.

［21］ 伍文辉. 华南地区 2004 年夏旱和 2005 年夏涝的特征分析及气候模拟研究 ［D］. 广
州：中山大学，2009.

［22］ 郝书君. GPRS 技术在水情自动测报系统中的应用 ［J］. 城市建设理论研究，2012
（15）：23 - 25.

［23］ 焦向丽. 基于 WAP 的水情自动测报系统设计与实现 ［D］. 武汉：华中科技大

学，2007.

[24] 何春燕. 灌区水情自动测报系统研究与应用 [D]. 石河子：石河子大学，2008.

[25] 李玉荣. 公伯峡水电站洪水预报及控制研究 [D]. 西安：西安理工大学，2002.

[26] 江伟国. 水情信息采集与传输技术研究 [D]. 南京：东南大学，2008.

[27] 舒怀. 基于 GPRS 技术的水雨情测报系统的研究和实现 [D]. 武汉：武汉理工大学，2007.

[28] 宁杰城. 基于 IAP 技术的水情测报终端 [D]. 成都：四川大学，2005.

[29] 刘阳. 基于嵌入式系统的水情自动测报系统设计与实现 [D]. 重庆：重庆大学，2008.

[30] 王青惠. 国内外水库水情测报技术进展综述 [J]. 城市建设理论研究，2014 (17)：804.

[31] 黄志. 水位遥测系统在水情测报中的应用及问题分析 [J]. 电子技术与软件工程，2014 (21)：161.

[32] 刘冀. 径流分类组合预报方法及其应用研究 [D]. 大连：大连理工大学，2008.

[33] 孟祥锦. 水情测报系统数据采集和传输的设计及研发 [D]. 成都：四川大学，2006.

[34] 冯伟. 山西汾河水库水情自动测报系统的改进开发 [D]. 太原：太原理工大学，2012.

[35] 曾晓曲. 谈如何提高地面测报工作的质量 [J]. 农业与技术，2013 (12)：199.

[36] 裴哲义. 水电厂水情自动测报系统和电网水调自动化系统的发展回顾与展望 [J]. 水力发电，2010，36 (10)：65 - 68.

[37] 魏克武. 新疆下坂地水库洪水测报及调度系统的研究 [D]. 西安：西安理工大学，2005.

[38] 张志栋. 全天候流域河道水情现场采集系统的设计与研制 [D]. 太原：太原理工学，2009.

[39] 吴如兆. 传感器网络——第九届全国敏感元件与传感器学术会议论文集 [C]. 2005，8：55.

[40] 周建芳. 线路供电水情遥测终端的设计 [D]. 南京：河海大学，2006.

[41] 冯伟. 山西汾河水库水情自动测报系统的改进开发 [D]. 太原：太原理工大学，2012.

[42] 刘明堂. 基于多源多尺度数据融合的黄河含沙量检测模型研究 [D]. 郑州：郑州大学，2015.

[43] 王光谦. 河流泥沙研究进展 [J]. 泥沙研究，2007 (2)：64 - 81.

[44] 穆兴民，王万忠，高鹏，等. 黄河泥沙变化研究现状与问题 [J]. 人民黄河，2014，36 (12)：1 - 7.

[45] 李德贵，罗珺，陈莉红，等. 河流含沙量在线测验技术对比研究 [J]. 人民黄河，2014，36 (10)：16 - 19.

[46] 水利部水利局编. 江河泥沙测量文集 [M]. 郑州：黄河水利出版社，2000.

[47] Chung C C，Lin C P. High concentration suspended sediment measurements using time do-

main reflectometry [J]. Journal of Hydrology, 2011, 401 (1 - 2): 134 - 144.

[48] Guerrero M, Rüther N, Archetti R. Comparison under controlled conditions between multi - frequency ADCPs and LISST - SL for investigating suspended sand in rivers [J]. Flow Measurement and Instrumentation, 2014, 37: 73 - 82.

[49] Haun S, Rüther N, Baranya S, et al. Comparison of real time suspended sediment transport measurements in river environment by LISST instruments in stationary and moving operation mode [J]. Flow Measurement and Instrumentation, 2015, 41: 10 - 17.

[50] 刘明堂, 张成才, 荆睪, 等. 基于非线性数据融合的冰层厚度自动测量应用研究 [J]. 应用基础与工程科学学报, 2014, 22 (5): 887 - 895.

[51] 黄晓辉, 秦建敏, 王丽娟, 等. 基于 ZigBee 技术的黄河河道冰情多点监测系统设计 [J]. 数学的实践与认识, 2013, 43 (2): 114 - 119.

[52] 樊晋华, 窦银科, 秦建敏, 等. 同面多极电容感应式冰层厚度传感器的设计及应用 [J]. 数学的实践与认识, 2013, 43 (5): 79 - 84.

[53] Richter - Menge J A, Perovich D K, Elder B C, et al. Ice mass - balance buoys: a tool for measuring and attributing changes in the thickness of the Arctic sea - ice cover [J]. Annals of Glaciology, 2006, 44 (1): 205 - 210.

[54] Shi W, Wang B, Li X. A measurement method of ice layer thickness based on resistance - capacitance circuit for closed loop external melt ice storage tank [J]. Applied Thermal Engineering, 2005, 25 (11 - 12): 1697 - 1707.

[55] 季伟峰. 地质灾害防治工程中监测新技术的开发应用与展望 [C] //中国地质调查局. 地质灾害调查与监测技术方法论文集. 北京: 中国大地出版社, 2005: 53 - 57.

[56] 石菊松, 石玲, 吴树仁. 滑坡风险评估的难点和进展 [J]. 地质论评, 2007, 53 (6): 797 - 806.

[57] 王念秦, 王永锋, 罗东海, 等. 中国滑坡预测预报研究综述 [J]. 地质论评, 2008, 54 (3): 355 - 361.

[58] 徐进军, 王海城, 罗喻真, 等. 基于三维激光扫描的滑坡变形监测与数据处理 [J]. 岩土力学, 2010, 31 (7): 2188 - 2191.

[59] 薛强, 张茂省, 唐亚明, 等. 基于 DEM 的黑方台焦家滑坡变形分析 [J]. 水文地质工程地质, 2011, 38 (1): 133 - 138.

[60] 章书成, 余南阳. 泥石流早期警报系统 [J]. 山地学报, 2010, 28 (3): 379 - 384.

[61] Yin Y, Wang H, Gao Y, et al. Real-time monitoring and early warning of landslides at relocated Wushan Town, the Three Gorges Reservoir, China [J]. Landslides, 2010, 7 (3): 339 - 349.

[62] 陶志刚, 张海江, 彭岩岩, 等. 滑坡监测多源系统云服务平台架构及工程应用 [J]. 岩石力学与工程学报, 2017, 36 (7): 1649 - 1658.

[63] 杨万桥. 滑坡监测预警国内外研究现状及评述 [J]. 工业, 2016 (60): 280.

[64] 刘彩花. 汾河水库土石坝渗漏特性多模型预警研究 [D]. 太原: 太原理工大学, 2015.

[65] 郑辉. 基于 GPRS 的大坝渗流监测系统研究与实现 [D]. 北京：北京交通大学，2011.

[66] 李旦江，储海宁. 对大坝渗压监测中两个问题的看法 [J]. 大坝与安全，2005（5）：39 – 42.

[67] 赵继伟. 水利工程信息模型理论与应用研究 [D]. 北京：中国水利水电科学研究院，2016.

[68] 陈军飞，邓梦华，王慧敏. 水利大数据研究综述 [J]. 水科学进展，2017，28（4）：622 – 631.

[69] 陈蓓青，谭德宝，田雪冬，等. 大数据技术在水利行业中的应用探讨 [J]. 长江科学院院报，2016，33（11）：59 – 62，67.

[70] 冯钧，许潇，唐志贤，等. 水利大数据及其资源化关键技术研究 [J]. 水利信息化，2013（4）：6 – 9.

[71] 姚永熙. 地下水监测方法和仪器概述 [J]. 水利水文自动化，2010（1）：6 – 13.

[72] 底瑛棠. 河流泥沙对水环境的作用研究概述 [J]. 科技经济导刊，2017（26）：138 – 139.

[73] 刀正东. 河道治理中的生态修复技术探讨 [J]. 建材与装饰，2018（1）：289.

[74] 于京要. 河道水生态综合整治中的砂坑处理技术 [C]. 第七届全国河湖治理与水生态文明发展论坛，2015：455 – 457.

[75] 赵群. 浅谈闽江下游河道采砂对河床的影响及控制 [J]. 水利科技，2001（1）：23 – 26.

[76] 湖南省水利厅. 湖南省河道采砂规划报告编制大纲 [EB/OL]. [2019 – 8 – 16]. http：//www. hnyx. gov. cn/c6311/20170531/i514458. html＃_Toc482173775.

[77] 中华人民共和国水利部. 河道采砂规划编制规程：SL 423—2008 [S]. 北京：中国水利水电出版社，2008.

[78] 中华人民共和国国家质量监督检验检疫总局. 建筑用砂标准：GB 14684—2001 [S]. 北京：中国标准出版社，2002.

[79] 河南省交通运输厅航务局. 河南省人民政府办公厅关于进一步加强河道采砂管理的意见 [EB/OL]. [2019 – 8 – 16]. http：//www. hnmsa. cn/hnmsa/zcfg/dffg/webinfo/2018/09/1538180952315258. htm.

[80] 广西壮族自治区人民代表大会常务委员会. 广西壮族自治区河道采砂管理条例 [EB/OL]. [2019 – 8 – 16]. http：//www. gxzf. gov. cn/zwgk/flfg/dfxfg/20161222 – 634500. html.

[81] 哈尔滨市政府. 哈尔滨市江河道砂石开采管理办法 [EB/OL]. [2019 – 8 – 16]. https：//wenku. baidu. com/view/a0228d8e6ad97f192279168884868762caaebb90. html.

[82] 高宗军，李怀岭，李华民. 河砂资源过度开采对水环境的破坏暨环境地质问题——以山东大汶河河砂开采为例 [J]. 中国地质灾害与防治学报，2003，14（3）：96 – 99.

[83] 孙婧，史登峰. 我国砂石资源开发利用分析及管理对策 [J]. 中国国土资源经济，2014（10）：45 – 48.

[84] 张华，鹿爱莉. 砂石资源的价值、价格与所有者权益 [J]. 中国矿业，2018，27

(1)：63 -65.

[85] 崔士伟. 非法砂石水上运输何时休？[J]. 中国海事，2015 (5)：16 - 18.

[86] 湘阴县政府. 关于进一步加强砂石渣土运输管理的通告 [EB/OL]. [2019 - 08 - 05].
http：//www. xiangyin. gov. cn/31185/31188/31985/31990/content _ 978801. html.

[87] 熊瑶. 砂石船舶安全监管机制研究 [J]. 中国水运：下半月，2016，16 (10)：125 -
126.

附录1 相关指导文件

附录1.1 水利部关于河道采砂管理工作的指导意见

《水利部关于河道采砂管理工作的指导意见》

水河湖〔2019〕58号

各流域管理机构，各省、自治区、直辖市水利（水务）厅（局），新疆生产建设兵团水利局：

为深入贯彻落实习近平生态文明思想和党的十九大精神，进一步加强河道（含湖泊，下同）采砂管理，维护河势稳定，保障防洪安全、供水安全、通航安全、生态安全和重要基础设施安全，根据《水法》《防洪法》《河道管理条例》等法律法规和中央全面推行河长制湖长制相关要求，现就河道采砂管理工作提出如下意见：

一、切实提高政治站位，高度重视河道采砂管理

保护江河湖泊事关人民群众福祉，事关中华民族长远发展。河道采砂管理是保护江河湖泊的重要内容。经过多年努力，河道采砂管理工作不断加强，全国采砂秩序总体可控。但是，近年来，随着经济社会不断发展，砂石需求居高不下，加之河流、湖泊总体来沙量持续减少，一些地方河道无序开采、私挖乱采等问题时有发生，造成河床高低不平、河流走向混乱、河岸崩塌、河堤破坏，严重影响河势稳定，威胁桥梁、涵闸、码头等涉水重要基础设施安全，影响防洪、航运和供水安全，危害生态环境。

各地要深入贯彻落实习近平生态文明思想，牢固树立"四个意识"，坚定"四个自信"，坚决做到"两个维护"，积极践行人与自然和谐共生、绿水青山就是金山银山的理念，正确处理河湖保护和经济发展的关系，充分认识加强河道采砂管理工作的重要性、紧迫性、艰巨性、复杂性和长期性，按照"保护优先、科学规划、规范许可、有效监管、确保安全"的原则和要求，保持河道采砂有序可控，维护河湖健康生命。

二、以河长制湖长制为平台，落实采砂管理责任

根据中共中央办公厅、国务院办公厅《关于全面推行河长制的意见》《关于在湖泊实施湖长制的指导意见》，各级河长湖长对本行政区域内河湖管理和保护负总责，各河段河长是相应河湖管理保护的第一责任人，负责牵头组织对非法采砂等突出问题进行清理整治。各地要根据中央要求，落实河长湖长的河湖管理保护责任，将采砂管理成效纳入河长制湖长制考核体系。

各级水行政主管部门要坚持守河有责、守河担责、守河尽责，切实承担起河道采砂管理这项法定职责，加强统一监督管理。要将河长制湖长制与采砂管理责任制有机结合，建立河长挂帅、水利部门牵头、有关部门协同、社会监督的采砂管理联动机制，形成河道采砂监管合力。加强对"采、运、销"三个关键环节和"采砂业主、采砂船舶和机具、堆砂场"三个关键要素的监管。各地要对辖区内有采砂管理任务的河道，逐级逐段落实采砂管理河长责任人、行政主管部门责任人、现场监管责任人和行政执法责任人，由县级以上水行政主管部门按照管理权限向社会公告，并报省级水行政主管部门备案。其中，水利部商各地明确的采砂管理任务较重的重点河段、敏感水域相关责任人名单要在每年4月20日前报水利部，由水利部统一向社会公告。

三、坚持保护优先原则，强化规划刚性约束

采砂规划是河道采砂管理的依据，是规范河道采砂活动的基础。各地要根据河湖管理权限，对具有采砂任务的河湖，抓紧编制采砂规划。河道采砂规划一经批准，必须严格执行，确需修改的，应当依照原批准程序报批。

河道采砂规划要按照《河道采砂规划编制规程》（SL 423—2008）相关要求进行编制。落实保护优先、绿色发展的要求，坚持统筹兼顾、科学论证，确保河势稳定、防洪安全、通航安全、生态安全和重要基础设施安全，严格规定禁采期，划定禁采区、可采区，合理确定可采区采砂总量、年度开采总量、可采范围与高程、采砂船舶和机具数量与功率要求。采砂规划要按照水利规划环境影响评价的有关要求，编写环境影响篇章或说明。

河道采砂规划由县级及以上地方水行政主管部门组织编制，经上一级水行政主管部门审查同意，由本级人民政府审批。省级水行政主管部门编制的河道采砂规划，批准前需征得有关流域管理机构同意。水利部流域管理机构主持编制的流域内重要江河湖泊河道采砂规划，由水利部或其授权的单位审批。

县级以上人民政府水行政主管部门应依法划定禁采区和规定禁采期，并予以公告。

四、严格许可审批管理，加强事中事后监管

根据《河道管理条例》，河道采砂须经有关河道主管机关批准。未经批准，不得从事河道采砂活动。水利部流域管理机构直管河道的采砂许可，由有关流域管理机构依法组织实施。

河道采砂许可应以批复的采砂规划、年度采砂计划为依据，依法依规进行。对于采砂规划不到位、现场管理责任人不到位、日常监管措施不到位，无可采区实施方案、堆砂场设置方案及河道修复方案的，不得许可河道采砂。采砂许可应对采砂作业范围、作业方式、作业时间、采砂船只和机具数量及规格等予以明确规定。积极探索推行统一开采经营等方式，具体由县级以上人民政府确定。

因吹填固基、整治疏浚河道、航道和涉水工程进行河道采砂的，应当编制采砂可行性论证报告，报经有管辖权的水行政主管部门批复同意。依法整治疏浚河道、航道和涉水工程产生的砂石一般不得在市场经营销售，确需经营销售的，按经营性采砂管理，由当地县级以上人民政府统一组织经营管理。

按照"谁许可、谁监管"原则，加强许可采区事中事后监管。实行旁站式监管，建立进出场计重、监控、登记等制度，确保采砂现场监管全覆盖、无盲区。采砂现场应设立明显标志，载明相关许可信息，确保作业安全。采砂船和机具统一登记、规范管理。

河道采砂必须严格按照许可的作业方式开采，不得超范围、超深度、超功率、超船数、超期限、超许可量，采砂结束后及时撤离采砂船和机具、平复河床。堆砂场应设置在河道管理范围以外，确需设置在河道管理范围内的，应符合岸线规划，并按有关规定办理批准手续。积极探索推行河道砂石采运管理单制度，强化采、运、销全过程监管。

　　各地应加强采砂船舶属地管理，探索推行采砂船集中停靠制度。根据本地河道砂石资源状况，出台有关政策和措施，积极引导切割过剩采砂船，引导采砂业主、涉砂从业人员转产与分流。

五、加强日常监督巡查，严厉打击非法采砂

　　加强日常监督巡查。建立河道采砂监督巡查制度，坚持明察与暗访相结合，更多采取不发通知、不打招呼、不听汇报、不用陪同，直奔管理一线、直插现场的方式。水利部各流域管理机构、地方各级水行政主管部门要加强监督巡查，对重点河段、敏感水域、问题多发区域和重要时段加大巡查频次。强化对禁采区和禁采期的巡查监管，及时发现并解决问题，杜绝以整改代替处罚、以处罚代替监管的现象。对河道采砂监管中不担当、不作为、慢作为、乱作为，致使河道非法采砂问题突出的相关责任人，要依法依纪严肃问责追责。

　　始终保持对非法采砂高压严打态势。要充分利用河长制湖长制平台，在河长湖长的统一领导下，统筹有关部门力量，建立定期会商、信息共享、联合检查、联合执法、案件移交等制度。跨界河段（水域）要建立区域联防联控机制，形成上下统一、区域协调、部门联动的执法监管格局。要按照中共中央、国务院关于开展扫黑除恶专项斗争的决策部署，认真落实《最高人民法院 最高人民检察院关于办理非法采矿、破坏性采矿刑事案件适用法律若干问题的解释》（法释〔2016〕25号），推进行政执法与刑事司法有效衔接，严厉打击非法采砂行为。要做好打击非法采砂中的扫黑除恶工作，及时发现移交问题线索，并配合公安等部门做好后续调查取证和查处工作，形成强大攻势和威慑力。

　　坚持日常执法与重点打击相结合，适时开展执法打击和专项整治行动。推行执法公示制度、执法全过程记录制度、重大执法决定法制审核制度。

六、加大舆论宣传力度，强化监管能力建设

　　充分发挥新闻媒体、社会舆论和群众监督作用，营造良好的社会舆论氛围，为加强河道采砂管理和打击违法行为创造有利条件。通过主题宣传活动、宣传公告栏等，加大对河湖保护的宣传教育力度。设立曝光台，主动曝光违法典型案件，形成有效震慑。建立河道非法采砂举报制度，充分发挥群众监督作用。

强化采砂监管信息化手段。按照"务实、管用、高效"的要求，积极运用卫星遥感技术、无人机、GPS 定位、视频监控等现代信息技术，丰富监管手段，提高监管效能和精准度。对许可的采砂船要安装定位系统，对采砂船集中停靠地实行在线监控。对可采区、堆砂场、采砂船集中停靠地等，要在"水利一张图"上进行标注。

加强采砂管理队伍建设。落实河道采砂监管和执法力量，进一步充实采砂管理人员和执法队伍，配备必要的执法装备，落实执法经费，加强队伍培训。强化廉政风险防控和作风建设，按照风清气正、业务过硬、执法严格的要求，打造一支忠诚、干净、担当的河道采砂监管和执法队伍。

长江宜宾以下干流河道采砂管理按《长江河道采砂管理条例》《长江河道采砂管理条例实施办法》执行。

附录 1.2　河道采砂管理条例

河　道　采　砂　管　理　条　例
（征求意见稿）

第一章　总　　则

第一条（立法目的）　为了加强河道采砂管理，维护河势稳定，保障防洪安全、供水安全、通航安全和基础设施安全，保护生态环境，根据《中华人民共和国水法》等法律，制定本条例。

第二条（适用范围）　在中华人民共和国领域内的河道管理范围内从事采挖砂石以及相关活动，应当遵守本条例。

第三条（管理原则）　河道采砂应当坚持统筹规划、总量控制、有序开采、严格监管、确保安全的原则。

第四条（管理职责）　国务院水行政主管部门负责全国河道采砂的管理和监督。国务院水行政主管部门在国家确定的重要江河、湖泊设立的流域管理机构（以下简称流域管理机构），在所管辖的范围内行使本条例规定的和国务院水行政主管部门授予的河道采砂的管理和监督职责。

公安部负责维护河道采砂活动的治安秩序，依法打击河道采砂活动中的违法犯罪活动。国务院交通运输主管部门负责对采、运砂船舶、车辆和砂石码头的监督管理，依法查处损害航道安全的违法采砂行为、证照不齐全的采（运）砂船舶（车辆）、非法码头以及违法运输砂石等行为。国务院自然资源、林草主管部门负责查处河道采砂非法占用和破坏耕地、林地等行为。其他有关部门在各自职责范围内对河道采砂实施监督管理。

县级以上地方人民政府水行政主管部门负责本行政区域内河道采砂的管理和监督，公安、交通运输、自然资源、林草等有关部门按照各自职责对河道采砂实施监督管理。

第五条（地方政府行政首长负责制） 河道采砂管理实行地方人民政府行政首长负责制。县级以上地方人民政府应当加强对河道采砂管理工作的领导，将河道采砂管理纳入政府管理工作内容和考核体系。

省、市、县、乡各级河长湖长应当加强本行政区域内河道采砂管理的组织领导工作，牵头组织对非法采砂依法进行清理整治，协调解决重大问题。

第六条（监督检举） 任何单位和个人有权对违法采砂行为进行监督和检举。

第七条（表彰奖励） 对在河道采砂管理工作中成绩显著的单位和个人，按照国家有关规定给予表彰和奖励。

第二章 河道采砂规划

第八条（规划编制与审批） 国家实行河道采砂规划制度。河道采砂规划是河道采砂许可、管理和监督检查的依据。

国家确定的重要江河、湖泊的河道采砂规划，由相关流域管理机构会同有关省、自治区、直辖市人民政府水行政主管部门商有关部门编制，报国务院水行政主管部门批准。国务院水行政主管部门在批准前应当征求自然资源、交通运输等有关部门意见。

其他河道采砂规划，由县级以上地方人民政府水行政主管部门按照管理权限商自然资源、交通运输等有关部门编制，征求上一级地方人民政府水行政主管部门意见后，报本级人民政府批准。其中，由省级水行政主管部门编制的，应征求相关流域管理机构意见。

第九条（规划执行与变更） 河道采砂规划一经批准，必须严格执行。

需要修改的，应当按照规划编制程序经原批准机关批准。

第十条 （规划要求）　河道采砂规划应当服从流域综合规划、防洪规划、河道岸线规划和航道规划，并与河道整治、航道整治等专业规划相衔接。

河道采砂规划应当包括以下内容：

（一）河道河势、河床演变分析；

（二）砂石砂质、分布，可利用砂石总量与补给分析；

（三）禁采期和可采期；

（四）禁采区和可采区；

（五）年度采砂控制总量、开采范围和开采控制高程；

（六）采砂作业方式和采砂船舶（挖掘机械）的控制要求；

（七）河道内堆砂场的控制数量和布局；

（八）弃料处理和现场清理、河道修复要求；

（九）环境影响、航道影响分析；

（十）规划实施与管理。

第十一条 （禁采区与禁采期）　河道采砂规划确定的禁采区和禁采期由县级以上地方人民政府水行政主管部门或者流域管理机构依法向社会公告。严禁在禁采期、禁采区从事采砂活动。

下列区域应当划定为禁采区：

（一）河道防洪工程、水利水电枢纽、河道和航道整治工程、取排水工程、水文监测设施等工程及其附属设施安全保护范围；

（二）河道顶冲段、险工险段、堤防及护堤地；

（三）航道、桥梁、码头、浮桥、渡口和穿河电缆、管道、隧道等工程及其附属设施安全保护范围；

（四）饮用水水源保护区、水产种质资源保护区、自然保护区；

（五）依法禁止采砂的其他区域。

主汛期、超过防洪警戒水位期间应当确定为禁采期。

第十二条 （临时禁采区与禁采期）　县级以上地方人民政府水行政主管部门可以根据所管辖河道内水情、工情、汛情、航道等情况的变化，在河道采砂规划确定的禁采区、禁采期外规定临时禁采期或者划定临时禁采区，报请本级人民政府决定后予以公告。流域管理机构在其直接管理河道内采取上述措施时，由该流域管理机构予以公告。

第三章 河 道 采 砂 许 可

第十三条（采砂计划） 县级以上人民政府水行政主管部门应当按照管理权限，依据河道采砂规划编制年度采砂计划，经本级人民政府同意后实施。流域管理机构负责编制直接管理的河道年度采砂计划并组织实施。

年度采砂计划应当包括可采区基本情况、许可方式、期限；采砂控制量、开采期限、范围（含具体地点、关键坐标、最低控制开采高程等）；采砂作业方式、采砂船舶或挖掘机械数量、功率等；临时堆砂场、卸砂点控制数量、地点、存放时限；河道清理、修复方案；可采区现场监管方案等。

第十四条（许可制度） 河道采砂实行许可制度。河道采砂许可由县级以上人民政府水行政主管部门或者流域管理机构依照管理权限审批。流域管理机构直接管理的河道的采砂许可需要有关地方人民政府水行政主管部门审批的，由国务院水行政主管部门确定。

未经许可，禁止从事河道采砂活动。

村民因生活自用采挖少量砂石的，不需要办理河道采砂许可证，在河道采砂规划规定的可采区和可采期采挖，采挖的河砂不得销售。少量砂石的限额和采挖具体管理办法由省级人民政府水行政主管部门或者流域管理机构规定。

第十五条（许可方式） 河道采砂许可由县级以上地方水行政主管部门或者流域管理机构采取受理申请、招标、指定统一经营等方式作出决定。

采用受理申请方式的，由从事采砂活动的单位和个人提出申请，经有许可权的水行政主管部门或流域管理机构审查后，发放河道采砂许可证，并书面告知从事河道采砂应当遵守的相关规定。

采用招标方式的，有许可权的水行政主管部门或者流域管理机构应当根据年度采砂计划编制招标文件并组织招标，确定中标人，发放河道采砂许可证，并书面告知从事河道采砂应当遵守的相关规定。

省级人民政府可以决定本行政区域内设区的市级、县级人民政府按政企分开的原则，对河道砂石资源组织实行统一开采经营管理，并制定具体管理办法。

第十六条 (申请人条件) 申请从事河道采砂的单位和个人应当符合下列条件:

(一) 有依法取得的营业执照;

(二) 有符合环保等要求的采砂作业方式;

(三) 有符合要求的采砂设备和采砂技术;

(四) 用船舶采砂的,船舶、船员的证书齐全有效;

(五) 无非法采砂失信行为和不良记录;

(六) 法律法规规定的其他条件。

河道采砂许可决定信息应当予以公开。

第十七条 (许可证内容、悬挂) 河道采砂许可证应当载明采砂单位名称(个人姓名),采砂船舶(挖掘机械)名称、功率,采砂地点、开采范围、高程,作业方式、现场清理方案以及许可证有效期限等内容。河道采砂许可证样式由国务院水行政主管部门制定,由省级人民政府水行政主管部门或者流域管理机构印制。

河道采砂许可证分为正本和副本,副本悬挂在采砂现场或者采砂船舶(挖掘机械)上指定的位置,正本留存备查。

第十八条 (许可证期限) 河道采砂许可证的有效期限不得超过一个可采期。河道采砂许可证有效期届满或者累计采砂量达到河道采砂许可证规定的总量的,采砂单位应当终止采砂行为,并按照规定对作业现场进行清理、修复;发证机关应当注销河道采砂许可证,并组织对许可采区进行验收。

第十九条 (许可撤回和变更) 许可河道采砂所依据的客观情况发生重大变化的,发证机关可以依法变更或者撤回许可。由此给许可单位和个人造成财产损失的,应当依法给予补偿。

因不可抗力而中止采砂的,采砂许可的单位和个人可以在采砂许可有效期届满三十日前或者不可抗力因素消除后十日内,向原河道采砂许可机关提出采砂许可期限变更申请。变更河道采砂期限应当由原河道采砂许可机关集体讨论决定,变更后延长的采砂期限不得超过因不可抗力而中止采砂的期限。河道采砂许可证规定的其他事项不得变更。

原河道采砂许可机关应当向社会公示变更理由和期限。公示时间不少于七个工作日。

第二十条（许可证禁止转让）　禁止涂改、倒卖、出租、出借或者以其他形式非法转让河道采砂许可证。

第二十一条（工程性采砂管理）　从事吹填固基、清淤疏浚、河道整治等活动涉及采砂的，应当报经有管辖权的水行政主管部门或者流域管理机构批复同意，不需要办理河道采砂许可证；交通运输主管部门从事航道整治涉及采砂的，应当征求有许可权的地方人民政府水行政主管部门或流域管理机构的意见。

上述活动所采砂石不得自行销售，由当地县级以上地方人民政府统一处置。

第四章　监　督　管　理

第二十二条（采砂作业）　从事河道采砂的单位和个人，应当按照采砂许可的要求进行采砂作业，遵守以下规定：

（一）按照河道采砂许可确定的时间、地点、开采范围、开采高程、采砂控制量和作业方式等进行开采；

（二）设置采区边界标识；

（三）及时清运砂石、平整弃料砂堆或者采砂坑槽；

（四）在航道和通航水域采砂的，应当服从通航安全规定，不得妨碍航道畅通、损害通航条件；

（五）不得危及水工程、水文、桥梁、管线等设施以及岸坡安全，不得危害河道生态环境；

（六）法律、法规有关河道采砂的其他规定。

第二十三条（采、运过程管理）　河道管理范围内运砂船舶（车辆）应当持有合法来源证明，合法来源证明由负责现场监管的水行政主管部门或流域管理机构在经许可的采砂现场核发。没有砂石合法来源证明的河道砂石，运砂船舶（车辆）不得装运，任何单位和个人不得收购、销售。

砂石合法来源证明的样式由国务院水行政主管部门会同交通运输行政主管部门规定，省级水行政主管部门或者流域管理机构印制。

第二十四条（堆砂场设置）　在河道管理范围内设置堆砂场，应当与年度采砂计划采砂量相协调，按照有关法律法规的规定报经有管辖权的县级以上人民政府水行政主管部门或流域管理机构批准。堆砂场经营者应采取有效措施降低作业噪声和减少扬尘，避免造成环境污染。

运输砂石的车辆应当按照指定进出场路线行驶，符合堤顶路面的承载要求，不得影响堤顶运行安全。

第二十五条（禁采及集中停靠管理） 采砂船舶不得在禁采区内滞留；未取得河道采砂许可证的采砂船舶不得在可采区内滞留。

采砂船舶在禁采期内、未取得河道采砂许可证的采砂船舶在可采期内，应当停放在所在地县级人民政府指定的集中停放地点。无正当理由，不得擅自离开指定的集中停放地点。

第二十六条（监督检查职责） 县级以上人民政府有关部门、流域管理机构应当加强对河道采砂及相关活动的监督检查，对违反本条例的行为依法进行查处。

县级以上人民政府有关部门、流域管理机构履行河道采砂执法监督检查职责时，有权采取下列措施：

（一）进入采砂生产、运输、存放场所进行调查、取证；

（二）要求采（运）砂单位和个人如实提供有关文件、证照、资料；

（三）责令采（运）砂单位和个人停止违法采（运）砂行为；

（四）依法扣押非法采砂船舶（挖掘机械）、运砂船舶（车辆）以及非法采（运）的砂石。

第二十七条（现场管理） 发放河道采砂许可证的机关应当建立进出场计量、监控、登记等制度，可以运用卫星遥感、无人机、监控视频等现代化技术，或者引入采砂监理方式，加强河道采砂现场管理。

第二十八条（监测） 县级以上地方人民政府水行政主管部门和流域管理机构应当加强对可采区河床变化的监测。

由于采砂行为影响河势稳定、防洪安全或者通航安全的，或者出现其他重大事件的，应当立即停止河道采砂活动。

第二十九条（采砂船舶、挖掘机械管理） 县级以上地方人民政府水行政主管部门或者流域管理机构应当对审批发放河道采砂许可证的采砂船舶和挖掘机械进行登记造册。无船名船号、船舶证书、船籍港的采（运）砂船舶不得在河道内滞留、航行、采（运）河砂。

第三十条（信用管理、会商制度） 县级以上地方人民政府应当组织相关部门，建立河道采砂管理的联合协调会商机制，协调重大采砂管理问题。

县级以上地方人民政府水行政主管部门和流域管理机构应当对采砂经营者及其从业人员的不良行为建立信用记录，纳入信用信息共享平台。

第三十一条（联合执法） 县级以上人民政府应当建立河道采砂联合执法机制，组织水利、公安、交通运输、自然资源等相关部门对许可、开采、运输、销售各环节进行联合执法检查。

第五章 法 律 责 任

第三十二条（领导干部责任） 县级以上地方人民政府有关负责人未履行本条例规定的职责的，按照有关规定追究领导责任。

第三十三条（行政机关及其工作人员的责任） 有关行政机关或者流域管理机构及其工作人员有下列行为之一的，对负有责任的主管人员和其他直接责任人员依法给予行政处分；构成犯罪的，依法追究刑事责任：

（一）违反国家规定参与河道采砂经营活动或者纵容、包庇河道采砂、运砂违法行为的；

（二）擅自修改河道采砂规划、计划或者违反河道采砂规划、计划批准采砂的；

（三）不按照规定作出许可和发放河道采砂许可证、核发河砂合法来源证明的；

（四）不履行现场管理和监督检查职责，造成河道采砂秩序混乱或者发生重大责任事故的；

（五）其他不履行监督管理职责或者玩忽职守、滥用职权、徇私舞弊、收受贿赂的。

第三十四条（无证采砂、违法装运、生态修复） 违反本条例规定，未办理河道采砂许可证，擅自采砂的，由县级以上地方人民政府水行政主管部门或者流域管理机构责令停止违法行为，没收违法所得和非法财物，并处 10 万元以上 50 万元以下的罚款；情节严重的，扣押或没收非法采砂船舶，可以并处 100 万元以下的罚款，并对没收的非法采砂船舶予以拍卖，拍卖款项全部上缴财政。

违反本条例规定，在禁采区、禁采期内采砂的，由县级以上人民政府水行政主管部门或者流域管理机构责令停止违法行为，没收违法所得和非法财物，查封、扣押采砂船舶（挖掘机械），没收采砂船舶，并处10万元以上100万元以下罚款。

运砂船、运砂车、装载机械等在河道采砂地点装运或协助非法采砂的，属于共同实施非法采砂行为，按照前款规定处理。

因非法采砂造成河道生态损害或者形成安全隐患的，除依法给予行政处罚外，还应责令当事人采取补救措施予以恢复；当事人拒不恢复的，可以由处罚机关代为恢复，所需费用由当事人承担。

第三十五条（非法转让许可证） 违反本条例规定，伪造、涂改或者买卖、抵押、出租、出借或者以其他方式非法转让河道采砂许可证的，由县级以上地方人民政府水行政主管部门或者流域管理机构予以收缴，没收违法所得，处10万元以上30万元以下的罚款，并吊销河道采砂许可证。

违反本条例规定，伪造、涂改砂石合法来源证明的，由县级以上地方人民政府水行政主管部门或者流域管理机构予以收缴，没收违法所得，处5万元以上10万元以下的罚款。

第三十六条（许可证未悬挂、被吊销） 违反本条例规定，不按照要求悬挂河道采砂许可证或者在采砂现场未设置采区边界标识的，由县级以上地方人民政府水行政主管部门或者流域管理机构责令限期改正，可以并处1万元以上3万元以下的罚款。

被吊销河道采砂许可证的单位或者个人，自吊销之日起三年内，不得提出河道采砂申请；提出申请的，有管辖权的水行政主管部门或者流域管理机构不得受理。

第三十七条（工程性采砂中擅自销售） 违反本条例规定，因吹填固基、清淤疏浚、整治河道和航道等活动擅自销售所采砂石的，由县级以上地方人民政府水行政主管部门或者流域管理机构责令停止违法行为，没收违法所得，并处10万元以上50万元以下的罚款；造成其他损失或者形成安全隐患的，责令采取补救措施。

第三十八条（未按要求采砂） 违反本条例规定，未按河道采砂许可证规定的要求采砂的，由县级以上地方人民政府水行政主管部门或者流域管理机构责令停止违法行为，没收违法所得，并处10万元以上50万元以下的罚款；造成其他损失或者形成安全隐患的，责令采取补救措施；情节严重的，吊销河道采砂许可证。

第三十九条（船舶未按要求停靠） 违反本条例规定，未在指定地点停放以及无正当理由擅自离开指定地点的，责令停靠在指定停放点，可以并处 1 万元以上 10 万元以下的罚款。拒不接受处理的，可以扣押采砂船舶，从重处罚。

第四十条（非法收购、运砂） 违反本条例规定，在河道管理范围内装运、收购、销售没有合法来源证明的河道砂石的，由水行政主管部门没收违法所得和砂石，并处 10 万元以上 30 万元以下罚款。窝藏、转移、收购、加工、代为销售或者以其他方法掩饰、隐瞒河道非法采砂所得的砂石的，由县级以上地方人民政府市场监管部门责令停止违法行为，没收非法所得和砂石，并处 10 万元以上 30 万元以下的罚款。

违反本条例，运砂船舶（车辆）无砂石来源证明或与实际情况明显不符的，由县级以上地方人民政府交通运输部门没收违法所得，并处 3 万元以上 10 万元以下的罚款；情节严重的，没收运砂船舶（车辆）。

第四十一条（三无、僵尸采砂船） 未依法取得船名船号、船舶证书及船籍港，或者套用其他船名船号的采砂船舶，在河道管理范围内滞留、航行的，由县级以上地方人民政府交通运输行政主管部门没收采砂船舶，可以并处 3 万元以上 20 万元以下的罚款。

没收的船舶可就地拆解，拆解费用从船舶残料变价款中支付，按罚没款处理。

对长期停泊不用、无人管理的采砂船舶应通过媒体发布公告限期认领，逾期未认领的，由船舶停泊地县级以上地方人民政府组织统一处置。

第四十二条（治安处罚与刑事责任） 违反本条例规定，构成违反治安管理行为的，由公安机关依法予以治安管理处罚；构成犯罪的，依法追究刑事责任。

第六章　附　　则

第四十三条（法律适用） 在长江宜宾以下干流河道内从事开采砂石及其管理活动的，适用《长江河道采砂管理条例》；《长江河道采砂管理条例》没有规定的，适用本条例。

　　第四十四条（定义）　本条例所称河道及河道管理范围的界定按照《中华人民共和国河道管理条例》执行。对暂未划定河道管理范围的，有关县级以上地方人民政府水行政主管部门参照《中华人民共和国河道管理条例》第二十条有关规定，划定临时管理范围。

附录 2 居民类用砂表

附录 2.1 居民自建房购砂申请表（示例）

居民自建房购砂申请表（示例）

客户姓名		性别		民族			照片
家庭住址				申请日期			
身份证号				联系方式			
购砂类型				购砂总量			
购砂用途				用砂地址			
用砂计划	客户签名： 年　月　日						
街道或乡镇意见	＿＿＿（街道/乡镇）　主管领导签字：　　盖章： 年　月　日						
砂石经营公司意见	＿＿＿（公司）　主管领导签字：　　盖章： 年　月　日						

附录 2.2 居民自建房砂石购买合同（示例）

居民自建房砂石购买合同（示例）

甲方：（客户签名）

乙方：（砂石经营公司名称）

根据《中华人民共和国合同法》及有关法律、法规规定，甲、乙双方本着平等、自愿、公平、互惠互利和诚实守信的原则，就产品供销的有关事宜协商一致订立本合同，以便共同遵守。

一、乙方向甲方提供____（砂石类型）____砂石，单价：_____元/吨

二、合同价款及付款方式

本合同总价款为人民币____元。本合同签订后，甲方向乙方支付定金____元，在乙方将上述产品送至甲方指定的地点并经甲方验收后，甲方一次性将剩余款项付给乙方。

三、产品质量

1. 乙方保证所提供的产品货真价实，来源合法，无任何法律纠纷和质量问题，如果乙方所提供产品与第三方出现了纠纷，由此引起的一切法律后果均由乙方承担。

2. 如果甲方在使用上述产品过程中，出现产品质量问题，乙方负责调换，若不能调换，予以退还。

四、违约责任

1. 甲乙双方均应全面履行本合同约定，一方违约给另一方造成损失的，应当承担赔偿责任。

2. 乙方未按合同约定供货的，按延迟供货的部分款，每延迟一日承担货款的万分之五违约金，延迟 10 日以上的，除支付违约金外，甲方有权解除合同。

3. 甲方未按照合同约定的期限结算的，应按照中国人民银行有关延期付款的规定，延迟一日，需支付结算货款的万分之五的违约金；延迟 10 日以上的，除支付违约金外，乙方有权解除合同。

4. 甲方不得无故拒绝接货，否则应当承担由此造成的损失和运输费用。

五、其他约定事项

本合同一式两份，自双方签字之日起生效。如果出现纠纷，双方均可向有管辖权的人民法院提起诉讼。

六、其他事项

甲方：（客户签字撩印） 乙方：（砂石经营公司经办人签字撩印）

开户银行：＿＿＿＿＿＿ 开户银行：＿＿＿＿＿＿＿＿＿＿

账号：＿＿＿＿＿＿＿ 账号：＿＿＿＿＿＿＿＿＿＿＿

＿＿年＿＿月＿＿日

附录 2.3 居民自建房购砂履约承诺书（示例）

居民自建房购砂履约承诺书（示例）

为响应国家政策，加强河流砂石管理，保证砂石用量、砂石类型，砂石用途正确执行，____（客户姓名）____ 作为居民自建房购砂客户，向（砂石经营公司名称）砂石经营公司作如下郑重承诺：

一、严格遵守国家安全生产制度，按照安全操作规范施工，做好安全防护工作，施工期间若发生机械、人身伤亡事故或造成财产损失，我愿意承担全部责任和因此发生的费用。

二、严格遵守国家施工质量规范和标准，保证建筑物质量，若因施工操作，而非砂石问题引发投诉或纠纷，公司概不负责，最终由我负责。

三、作为购砂客户，我承诺自用砂日起至砂石用完之日止，自始至终全过程常驻工地现场，严格按照有关施工标准及合同条款进行砂石使用。

四、在施工过程中，我承诺严格按照申请书所述用途、用量、地址进行施工，不将砂石转卖于他人。

五、遵守法律，足额、按时发放雇佣人员的报酬，保证不拖欠工资钱款。

六、其他未尽事宜不能满足合同要求而受到甲方的违约处罚，我自愿承担。

我以上之保证，为无条件之承诺，在公司向我追查责任时，我放弃抗辩权。

客户：____（签字并撩印）____

年　月　日

172

附录 2.4 居民自建房客户用砂情况回访表（示例）

居民自建房客户用砂情况回访表（示例）

客户姓名		采办日期		
联系方式		回访次数	第　　次	
砂石总量		回访日期		
砂石余量		已用砂量		
用砂地址				
用砂计划				
已用砂石去向				
有无违规使用				

附录 3　工 程 类 用 砂 表

附录 3.1　工程类购砂申请表（示例）

工程类购砂申请表（示例）

联系人姓名		联系方式		照片
申请日期		工程名称		
工程编号		工程地址		
工程规模		购砂类型		
购砂总量		购砂用途		
用砂计划	客户签名： 年　月　日			
政府意见	＿＿＿（部门）　主管领导签字：　　　　　　盖章： 年　月　日			
砂石经营公司意见	＿＿＿（公司）　主管领导签字：　　　　　　盖章： 年　月　日			

附录3.2　工程类购砂履约承诺书（示例）

工程类购砂履约承诺书（示例）

为响应国家政策，加强河流砂石管理，保证砂石用量、砂石类型，砂石用途正确执行，　（客户姓名）　作为　（工程名称）　工程购砂负责人，向　（砂石经营公司名称）　砂石经营公司作如下郑重承诺：

一、严格遵守国家安全生产制度，按照安全操作规范施工，做好安全防护工作，施工期间若发生机械、人身伤亡事故或造成财产损失，我愿意承担全部责任和因此发生的费用。

二、严格遵守国家施工质量规范和标准，保证建筑物质量，若因施工操作，而非砂石问题引发投诉或纠纷，公司概不负责，最终由我负责。

三、作为购砂客户，我承诺自用砂日起至砂石用完之日止，自始至终全过程常驻工地现场，严格按照有关施工标准及合同条款进行砂石使用。

四、在工程施工过程中，我承诺严格按照申请书所述用途、用量、地址进行施工，不将砂石转卖于他人。

五、依法用工，保证上岗人员有合格证明或资格，若因违反劳动法规造成砂石材料的损失，我自愿承担责任。

六、遵守法律，足额、按时发放雇佣人员的报酬，保证不拖欠工资钱款。

七、其他未尽事宜不能满足合同要求而受到甲方的违约处罚，我自愿承担。

我以上之保证，为无条件之承诺，在公司向我追查责任时，我放弃抗辩权。

客户：（签字并撩印）

年　　月　　日

附录 3.3 　工程类砂石购买合同（示例）

工程类砂石购买合同（示例）

甲方：（工程购砂负责人签名）

乙方：（砂石经营公司名称）

　　根据《中华人民共和国合同法》及有关法律、法规规定，甲、乙双方本着平等、自愿、公平、互惠互利和诚实守信的原则，就产品供销的有关事宜协商一致订立本合同，以便共同遵守。

　　一、乙方向甲方提供 　(砂石类型) 　砂石，单价：_____元/吨

　　二、合同价款及付款方式

　　本合同总价款为人民币____元。本合同签订后，甲方向乙方支付定金____元，在乙方将上述产品送至甲方指定的地点并经甲方验收后，甲方一次性将剩余款项付给乙方。

　　三、产品质量

　　1. 乙方保证所提供的产品货真价实，来源合法，无任何法律纠纷和质量问题，如果乙方所提供产品与第三方出现了纠纷，由此引起的一切法律后果均由乙方承担。

　　2. 如果甲方在使用上述产品过程中，出现产品质量问题，乙方负责调换，若不能调换，予以退还。

　　四、违约责任

　　1. 甲乙双方均应全面履行本合同约定，一方违约给另一方造成损失的，应当承担赔偿责任。

　　2. 乙方未按合同约定供货的，按延迟供货的部分款，每延迟一日承担货款的万分之五违约金，延迟 10 日以上的，除支付违约金外，甲方有权解除合同。

　　3. 甲方未按照合同约定的期限结算的，应按照中国人民银行有关延期付款的规定，延迟一日，需支付结算货款的万分之五的违约金；延迟 10 日以上的，除支付违约金外，乙方有权解除合同。

　　4. 甲方不得无故拒绝接货，否则应当承担由此造成的损失和运输费用。

五、其他约定事项

本合同一式两份，自双方签字之日起生效．如果出现纠纷，双方均可向有管辖权的人民法院提起诉讼。

六、其他事项

甲方：（工程购砂负责人签字撩印）　　乙方：（砂石经营公司经办人签字撩印）

开户银行：_____　　开户银行：_____

账号：_____　　账号：_____

_____年____月____日

附录 3.4 工程类用砂情况回访表（示例）

工程类用砂情况回访表（示例）

工程名称		联系方式	
采办日期		回访日期	
回访次数	第 次	砂石总量	
砂石余量		已用砂量	
用砂工程名称			
建设单位			
工程用砂进度			
用砂计划			
已用砂石去向			
有无违规使用